金融科技系列丛书

区块链
前沿实践

Blockchain frontier practice

鲁 静 任世奇 程晗蕾◎编著

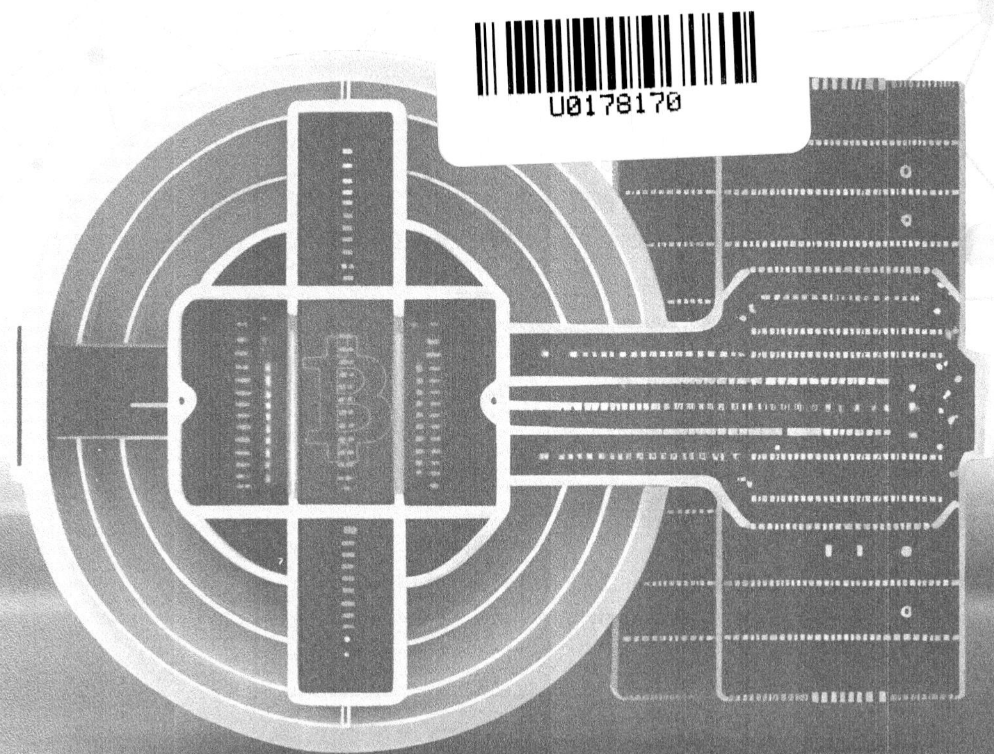

首都经济贸易大学出版社
Capital University of Economics and Business Press
·北 京·

图书在版编目(CIP)数据

区块链前沿实践 /鲁静，任世奇，程晗蕾编著. --北京：首都经济贸易大学出版社，2023.4

ISBN 978-7-5638-3491-4

Ⅰ. ①区… Ⅱ. ①鲁… ②任… ③程… Ⅲ. ①区块链技术 Ⅳ. ①TP311.135.9

中国国家版本馆 CIP 数据核字(2023)第 049733 号

区块链前沿实践

鲁　静　任世奇　程晗蕾　编著

责任编辑　王玉荣

封面设计　砚祥志远·激光照排 TEL：010-65976003

出版发行　首都经济贸易大学出版社

地　　址　北京市朝阳区红庙（邮编 100026)

电　　话　(010)65976483　65065761　65071505(传真)

网　　址　http://www.sjmcb.com

E-mail　publish@cueb.edu.cn

经　　销　全国新华书店

照　　排　北京砚祥志远激光照排技术有限公司

印　　刷　人民日报印务有限责任公司

成品尺寸　170 毫米×240 毫米　1/16

字　　数　198 千字

印　　张　14.5

版　　次　2023 年 4 月第 1 版　2023 年 4 月第 1 次印刷

书　　号　ISBN 978-7-5638-3491-4

定　　价　55.00 元

前 言

近年来,区块链作为比特币的底层技术,逐渐走入大众的视野。一方面,数据如今已成为数字经济的重要生产要素,而区块链不可篡改、开放自治的技术特征,天然可以解决数据确权和数据追溯问题;另一方面,未来的互联网中没有单一的中心,用户的身份认同需要多方协作来完成,这也离不开区块链这个分布式的可信网络。由此可见,除了计算机专业的从业人员,经济学、社会学、管理学、法学等相关专业的从业人员也很有必要学习区块链。虽然目前已有一些介绍区块链原理和技术的教程,但鲜少涉及区块链应用和具体实现的案例。

本教程以笔者主导的真实区块链应用案例为蓝本,重点阐述区块链如何助力金融科技、智慧能源、企业管理和社会治理四个方面。因此,本书也分为以下四个部分:

第一部分是金融科技,包括第 1 章和第 2 章。其中,第 1 章为基于区块链的供应链金融,介绍了区块链的供应链金融应用系统的总体业务模型和系统架构,并阐述了链上企业端到端的预付款融资、存货融资、应收账款融资的实现过程;第 2 章为区块链票据,介绍了我国区块链电子发票、区块链财政电子票据及区块链数字票据的应用发展情况,并分别探讨了区块链电子发票应用平台、区块链财政电子票据的参考架构及数字票据交易平台的初步方案。

第二部分是智慧能源,包括第 3 章和第 4 章。其中,第 3 章为基于区块链的绿电溯源机制,介绍了绿电业务流程、区块链绿电溯源机制的架构,并详细描述了绿电数据上链和溯源流程与功能模块;第 4 章为基于区块链的厂网购电费结算,介绍了区块链厂网购电费结算流程、区块链厂网购电费结算方案的架构与共识机制、成员管理、数据安全等功能模块。

第三部分是企业管理,包括第 5 章和第 6 章。其中,第 5 章为跨境供应链溯源,探讨了跨境贸易中存在的问题,提出了基于区块链的跨境供应链溯源方法,并阐述了业务流程、技术架构、供应链数据的上链方法及关税结算智能合约;第 6 章为基于区块链的企业内部模拟市场,介绍了区块链的内部模拟信息系统的总体业务模型和系统架构,以及运用区块链对企业内模活动的定价、交易、结算和溯源的实现过程。

第四部分是社会治理,包括第 7 章和第 8 章。其中,第 7 章为“区块链+”智慧物业,提出了区块链+智慧物业解决方案,并详细描写了系统及子系统的功能和实现;第 8 章为区块链电子学历应用平台,介绍了平台的功能模块,并详细阐述了电子学历证书申请、发放、查验的实现。

本书的每一章都是一个独立的案例,从传统应用的不足之处出发,与读者探讨区块链可能带来的变革及具体的做法。每章都有一个名为“痛点问题及应对策略”的小节,描写的是笔者所在团队在该案例实际研发、落地时遇到的瓶颈问题,以及对于可能的解决方案的一些思考,这也是本书的精华所在。为了启发读者思考、方便读者学习,我们在每章的开头处都列出本章的学习要点和要求,结尾处留有思考题,供广大读者参考使用。

本书由鲁静、任世奇、程晗蕾、齐荣共同完成。其中,第 1 章、第 6

章由程晗蕾编写，第 2 章、第 5 章、第 8 章由鲁静编写，第 3 章、第 4 章由齐荣编写，第 7 章由任世奇编写。

本书可以作为计算机、金融、经济、管理等专业的本科生或研究生教学教材，同时可作为区块链研究人员、开发人员的参考书籍。

由于水平所限，尽管作者不遗余力，本书仍可能存在错误和不足之处，敬请读者批评指正。区块链发展长路漫漫，特别希望使用本书的师生和区块链从业人员与作者探讨如何用好区块链，造福民生。

目　录

Part Ⅰ　金融科技

Part Ⅱ　智慧能源

Part Ⅳ　社会治理

Part Ⅰ　金融科技

1 基于区块链的供应链金融

学习要点和要求

1. 区块链在供应链金融领域的应用现状(了解)
2. 供应链金融的业务模型(掌握)
3. 供应链金融中联盟链的构成(掌握)
4. 基于区块链的供应链金融应用系统的技术架构(了解)
5. 信用证、电子仓单、应收账款等资产的上链方式(考点)
6. 使用区块链进行预付款融资、存货融资、应收账款融资的方法(考点)
7. 利用多链建立供应链金融产业联盟的方法(考点)

1.1 背景与现状

1.1.1 供应链金融的现状

1.1.1.1 供应链金融的意义与发展阶段

供应链金融是指将供应链上所有企业视为整体,以核心企业为依托,以真实贸易为前提,通过自偿性贸易融资为上下游企业提供匹配的金融服务。但在实际业务操作中,资金需求强烈的中小企业受限于企业规模小、与核心企业的合作账期较长(3~6个月不等),很难向金融机构(如银行、保理商等)提供足够的信用证明。因此,在双方业务开展中,中小企业需要承担昂贵的“信用成本”——烦琐的信用审核程序及较高的融资费用。尤其是在供应链链条较长时,核心企业的信用无法有效传递给上下游供应商,进一步加剧了“需求资金—信用缺失”的恶性循环。通过区块链的分布式账本打通供应链金融中核心企业和中小企业之间的“数据壁垒”，每笔应收账款授信交易和融资交易信息一旦被添加至区块链，就无法篡改且可追溯。金融机构可对任一级别供应商的交易信息进行查看，实现核心企业应付账款信息和承诺付款信用在完整供应链上的多级传递，任一级别供应商都可享受到核心企业的信用背书，从而降低供应链的整体融资成本。

当前，供应链金融的发展主要经历了四个阶段，即以银行为主导的 1.0 阶段、“银行+核心企业”联动的 2.0 阶段、以“平台+金融机构”为主导的 3.0 阶段、“平台+上下游企业”无缝对接的 4.0 阶段(见表 1-1)。有学者认为[1]，“区块链+供应链金融”模式创新属于供应链金融 4.0 阶段，该模式对技术要求较高，需要核心企业、金融机构、技术企业等多方共同合作完成。

表 1-1　供应链金融的发展阶段一览表[2]

发展阶段	1.0 阶段	2.0 阶段	3.0 阶段	4.0 阶段
发展模式	以人工授信为主的“1+N”	线上“1+N”	“N+1+N”融资	“M+1+N”平台
主要特征	围绕传统银行，通过核心企业信用支撑对其上下游企业进行资格认定和信用控制	不以金融机构为中心，由线下业务转为线上业务，实现四流融合的高效流通	其融资服务平台的建立，极大地方便了供应链上业务的开展，提高了运营效率	“1”表示新金融科技，“M”和“N”代表上下游企业，表明供应链系统已经去中心化

我国当前的供应链金融体系，近 80%的业务集中在预付款融资、存货融资和应收账款融资上[2]。当企业处于拟购置生产所需原材料阶段时，通常会以拟购买的原材料为质押物来执行预付款融资。存货融资包括动产或仓单融资，企业以存货为质押物。应收账款融资主要是上游供应商将应收账款以转让或质押的形式获得资金。供应链金融的主要模式和融资风险对比如图 1-1 所示。

金融机构出于风险考虑，会要求中小企业提供“贸易真实性”的信用证明后，才提供融资。为了验证交易的真实性，金融机构需要投入巨大的时间和资金成本来执行尽职调查。金融机构很难跟踪、调查清楚所有环节，难以验证贸

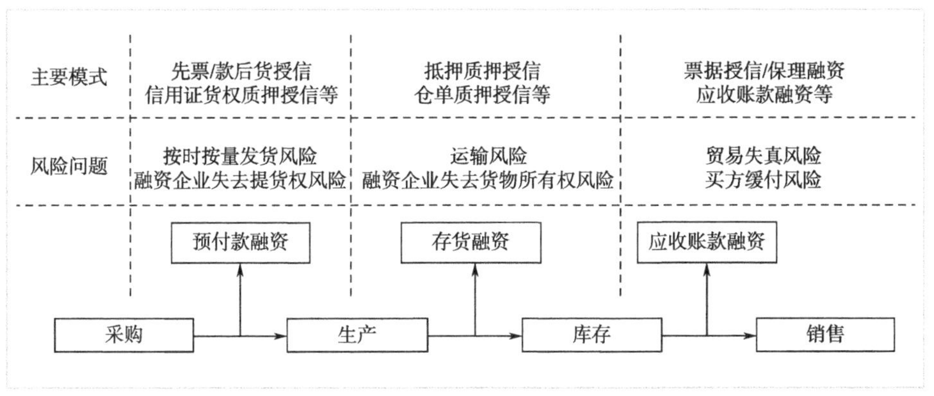

图 1-1　供应链金融的主要模式和融资风险[3]

易和服务的真正价值,因此,融资时间变长,融资成本变高,中小微企业难以承受。对于融资标的物,金融机构更倾向于以核心企业信用衍生出的收付款或担保责任为依托的资产。此外,银行倾向于为核心企业的一级供应商或一级经销商提供资金。至于二级以上的供应商与经销商,则因为与核心企业无直接采购或销售合约,所以银行无法提供融资需求[1]。供应链金融业务痛点如图 1-2 所示。

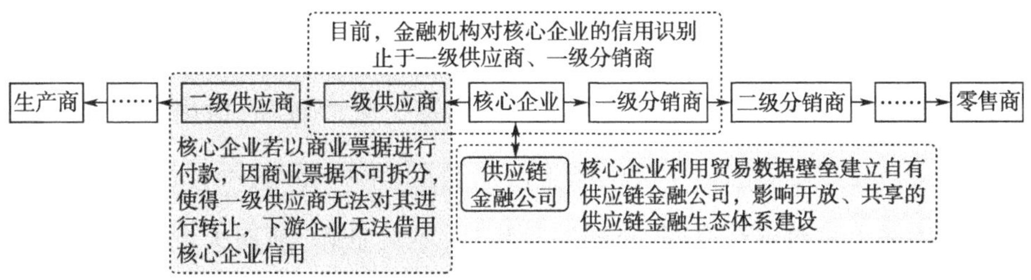

图 1-2　供应链金融业务痛点[1]

1.1.1.2　区块链应用于供应链金融的价值

区块链与供应链金融的结合,是技术革新与金融发展需要的融合。区块链应用于供应链金融的价值主要体现在以下几点。

(1)实现全链条的数据渗透

利用区块链的分布式记账功能,促使供应链上的全链条交易活动被各关联节点协同执行,并将数据同步记录。在区块链网络中,多级供应商可以使用一级供应商对核心企业剩余可用的授信额度,通过智能合约实现物流、商流、资金流、信息流"四流"的有效统一。

(2)实现多方参与主体的信息对称

基于区块链的供应链金融用分布式共享账本打通了核心企业、上下游多级供应商、金融机构的数据,使得信息多方对等,不需要从核心企业或供应商单向调取和验证数据,形成天然的信任环境,交易双方不需要第三方中介授信就可以达成融资交易。

(3)实现核心企业信用多级传递

引入区块链技术后,各参与主体之间的所有贸易往来明细、商品生产、库存及运输状况等信息都上链记账,可溯源。金融机构可对任一级别供应商的交易信息进行查看,实现核心企业应付账款信息和承诺付款信用在完整供应链上的多级传递,任一级别供应商都可享受到核心企业的信用背书。

(4)实现债权的灵活拆分与流转

将应收账款、票据、实体资产等以数字资产的形式在链上流通、拆分和兑付,极大地提高了融资工具的流动性。每笔数字资产转移、借出资金和归还资金等交易经数字签名后都会记账于区块链上,不可篡改、不可伪造。同时,通过区块链生成数字化合同,合同一旦签订,不可抵赖,从而大大降低了融资风险。

(5)回款封闭可控,风险可控

在整个融资过程中,与传统融资流程相比,区块链技术的应用使回款更加封闭可控。智能合约能使资金转账等行为以代码化形式自动强制执行,进一步确保融资行为中交易双方或多方如约履行义务。一旦发生资金处理错误,也可利用链上证据进行事后司法追责。

以上汇总分析如表 1-2 所示。

表 1-2 “区块链+供应链金融”与供应链中金融运作问题匹配分析

类型	供应链中企业融资问题	区块链供应链中企业融资
业务场景	核心企业与一级供应商	全链条渗透
信息流转	信息孤岛明显	多方主体之间的信息对称
信用传递	仅到一级供应商/经销商	实现核心企业信用到多级供应商的传递
上下游企业融资	融资难、融资贵	更便捷、更低成本
回款控制	不可控制	封闭可控

1.1.2 区块链在供应链金融领域的国内外发展现状

近年来,国内外已有一些研究机构和企业将区块链应用于供应链金融领域。按照推动主体的类型可分为金融机构主导、核心企业主导、技术提供方主导三类模式。

1.1.2.1 金融机构主导型

在国外,2016 年 10 月,澳大利亚联邦银行通过与美国富国银行、Brighann Cotton 贸易集团合作,借助区块链技术完成由美国得克萨斯州发出至中国青岛的棉花货物运输中产生的供应链金融业务。此项业务涉及的信用证是一种存储在私有分布式账本上的数字智能合约。一旦货物到达最终目的地青岛,便会发送一个通知,智能合约将自动触发支付大约 35 000 美元的货款,从而将交易时长由过去人工审核的若干工作日缩减到智能化处理的几分钟。

当前在国内,银行利用区块链开展供应链金融业务的实践还处于探索阶段,多家银行开始以区块链构建开放合作的新型供应链生态圈,并积累了众多经验(见表 1-3)。

表 1-3　我国银行业在供应链金融领域应用区块链的情况[17]

牵头机构	机构类型	典型产品名称	平台定位	产品介绍
人民银行	中央银行	央行贸易金融区块链平台	打造立足湾区、辐射全球的开放金融贸易生态	提供底层技术平台,兼容性强,所有交易均通过智能合约执行并在链上实现流程自动化
银行业协会	行业协会	中国贸易金融跨行交易区块链平台	服务好监管、服务好中银协会员单位	以国内信用证和福费廷跨行业务为试点,在统一业务标准的基础上,实现了一对多的业务协议线上签署模式
建设银行	国有大型银行	BCTrade2.0区块链贸易金融平台	服务银行同业、非银机构、贸易企业等三类客户	先后部署国内信用证、福费廷、国际保理、再保理等功能,实现产品端到全流程在线处理
工商银行	国有大型银行	工银e信	服务小微企业	侧重信用延伸,使核心企业信用跨层级流转,支持核心企业信用向产业链末端小微企业延伸
农业银行	国有大型银行	e链贷	服务小微企业、三农客户	将电子商务、供应链融资、在线支付、企业ERP、农户信用档案等行内和行外系统通过科技力量打造成相互信任、信用可控的供应链生态联盟
中信银行	股份制银行	信e链-应付流转融通	服务小微企业	通过与B2B平台对接,实现“1+N+N”模式电商供应链融资,向其上游N级供应商提供全流程、线上化的快捷融资服务
平安银行	股份制银行	壹企链	支持小微企业、核心企业及中小企业	实现多级信用穿透、核心企业下沉、下游融资全流程智能风控、对接境内外贸易平台和构建跨地区服务联盟
浙商银行	股份制银行	应收款链平台	服务小微企业	业内首个将区块链应用于应收账款业务。提供单一企业、产业联盟、区域联盟等合作模式,助力企业构建“自金融”商圈
江苏银行	城市商业银行	苏银链	服务小微企业	结合第三方物联网动产监管信息数据,深耕动产质押业务和跨行贴现业务

续表

牵头机构	机构类型	典型产品名称	平台定位	产品介绍
上海银行	城市商业银行	双链通供应链金融服务平台	服务小微企业	与蚂蚁金服联合研发,融合区块链分布式记账与交易银行场景生态,致力于创新发展在线金融产品和服务
苏宁银行	民营银行	动产质押融资平台	服务小微企业	依托区块链,在该平台上可实时查看大宗货物出入库记录
微众银行	民营银行	供应链金融平台	服务小微企业	立足自研的区块链底层开源平台技术,在平台全面展现商流、资金流、物流信息,实现全面电子化服务与管理

1.1.2.2 核心企业主导型

2019 年 9 月,国网上海市电力公司联合远光软件股份有限公司共同研发电益链能源金融云服务平台。该平台构建以该电力公司为核心、以金融机构和供应商为主体的联盟链,并建设金融广场以促进电力产业链上下游中小企业的资金需求与金融机构发布的各种融资服务进行匹配撮合,实现电力公司信用多级传递。此外,电益链能源金融云服务平台充分利用电力核心企业的产业链资源整合能力,提供多场景、一站式的能源金融服务,入驻企业可以便捷地获得融资、投资、保险、理财等金融服务,促进了产业链的共赢和健康发展,而依托区块链赋能的交易难篡改、不可抵赖的特性,进一步促进穿透式监管体系的形成。

1.1.2.3 技术提供方主导型

2018 年 6 月,金融科技公司 OGYDocs 构建区块链贸易金融平台 Wave。该平台利用分布式账本对文件和商品在运输过程中的所有权进行管理,以替代传统提供载货信息的纸质提单,从而提高国际贸易的交易效率和安全性,去除纠纷、伪造品和不必要的风险。同时,该平台对接英国巴克莱银行,通过区块链推动贸易金融与供应链业务的数字化应用,将信用证与提货单及国际贸易流程的

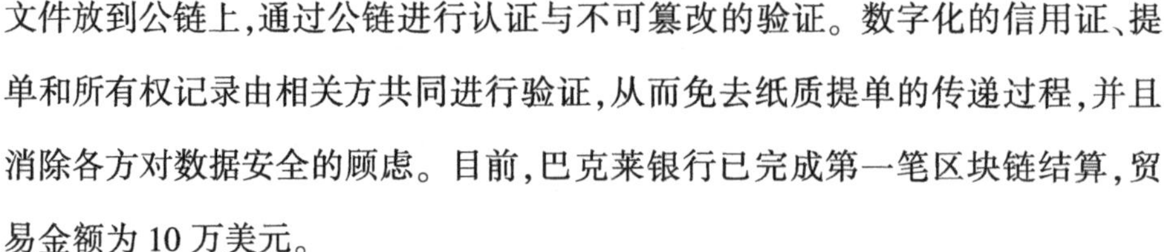

文件放到公链上，通过公链进行认证与不可篡改的验证。数字化的信用证、提单和所有权记录由相关方共同进行验证，从而免去纸质提单的传递过程，并且消除各方对数据安全的顾虑。目前，巴克莱银行已完成第一笔区块链结算，贸易金额为 10 万美元。

1.2 基于区块链的供应链金融方案设计

1.2.1 总体业务模型

本部分主要阐述在预付款融资、存货融资、应收账款融资这三种融资模式下，利用区块链来创新电子化的金融工具。首先，构建一个基于联盟链的供应链金融应用系统。该系统将供应链上下游企业、核心企业、物流企业、银行、保理商、财务公司、监管机构等参与方作为联盟组织节点接入到区块链网络中。接着，利用区块链的分布式记账特性，将供应链上产生的电子基础贸易合同、订单信息、单据凭证、结算、支付、核心企业的信用等级、融资申请和审批等数据完整地记录于区块中。融资信息一旦上链，不可篡改，且由多方共同管理，提升信息透明度，实现可穿透式的监管。同时，系统将信用证编译为智能合约，将货物和应收账款等流动性较低的资产转化为区块链上的数字资产/债权。通过该数字资产/债权的灵活拆分和多级流转，推动资金流在链上移动，化解供应链末端中小型企业的融资困境。充分发挥区块链在促进供应链金融数据共享、优化业务流程、降低运营成本、提升协同效率、建设可信体系等方面的作用。区块链应用能赋予供应链金融更高的安全级别，消除金融机构对企业信息流的顾虑，在一定程度上解决了中小企业无法自证信用水平的问题，并将位于上下游企业的商流、资金流、物流、信息流的多流数据整合上链（如图 1-3 所示）。

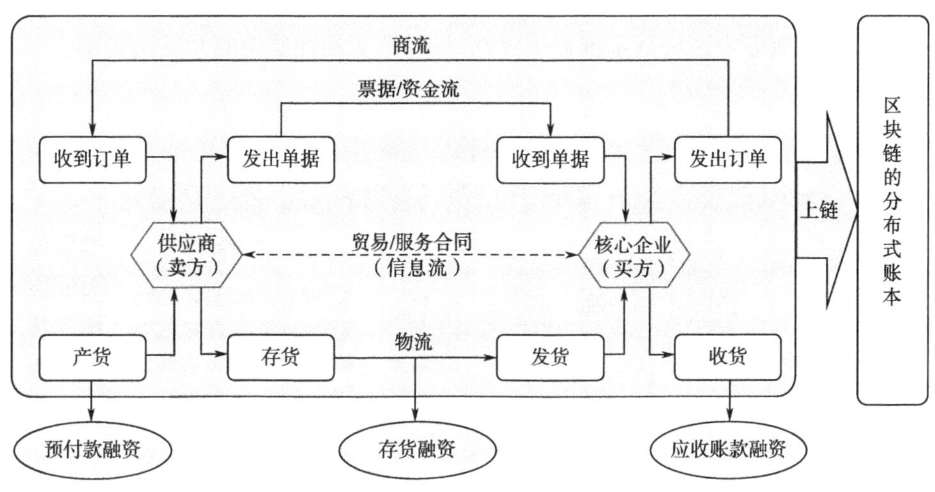

图 1-3　基于区块链的供应链金融应用系统总体设计

与核心企业有直接或间接交易的供应商、分销商、金融机构等组织节点可以构建单个联盟链网络(简称“单链”)。随着融资业务规模不断扩大,仅靠单一联盟链里的交易信息难以处理复杂的融资业务,此时需要多条单链上的信息来联合支撑融资服务有效运转。最终,形成一个具有多链管理功能和跨链交互功能的区块链供应链金融应用系统。

1.2.2　系统架构

本部分主要描述区块链的供应链金融应用系统的技术架构、业务架构和集成架构。

1.2.2.1　技术架构

在技术架构(如图 1-4 所示)上,系统分为基础设施层、区块链平台层、系统应用层、系统展示层。

(1)基础设施层

这通常是 IaaS 层和 PaaS 层。考虑到区块链中区块容量有限,不能存储大量非结构化的数据(包括贸易/服务合同文本、企业的资质证明、电子单据和票据等),该层能够为区块链系统提供弹性、按需购买的存储空间和网络资源。

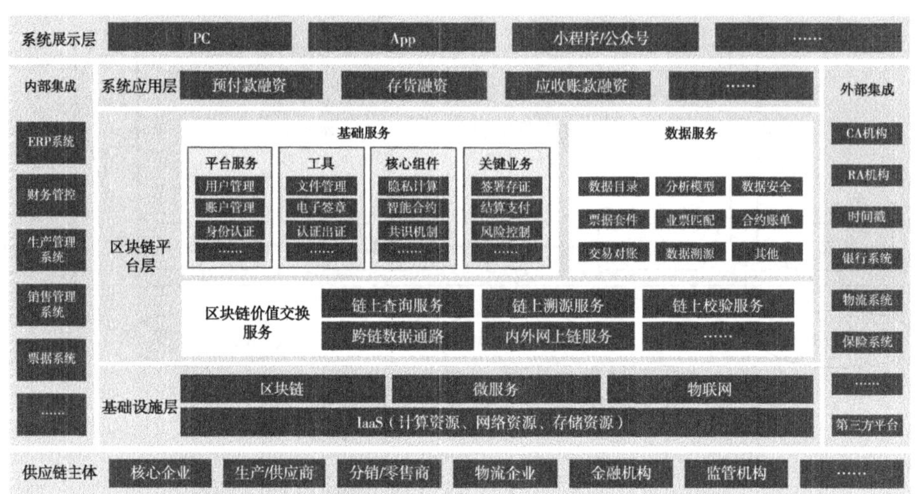

图 1-4　基于区块链的供应链金融应用系统的技术架构

(2)区块链平台层

这一层包括基础服务、数据服务、区块链价值交换服务。基础服务由统一的用户管理、账户管理、身份认证构成,为系统提供标准化的联盟节点管控服务。为了保障融资过程中签署的合同具有法律效力且能够被第三方证明,基础服务会提供统一的文件管理、电子签章、认证出证等基础服务。系统采用联盟链技术,基础服务还提供区块链底层的网络通信、存储、隐私保护、共识机制、权限管理、合约引擎、多链等核心组件。这些底层组件与系统深度融合,保证系统的统一性。企业在融资过程中,系统会提供电子合同签署和存证、资金结算支付、金融风险控制等基础服务。数据服务主要包括数据目录、分析模型、票据套件、合约账单、交易对账、数据溯源等服务,其目的是帮助企业提升对数据汇总、查询、分析、稽核的效率和可靠性。区块链价值交换服务主要由链上查询服务、链上溯源服务、链上校验服务、跨链数据通路、内外网上链服务等服务组成,为系统提供灵活的链上链下数据交互能力。

(3)系统应用层

这一层为用户提供可信、安全、快捷的区块链融资应用,包括预付款融资、存货融资、应收账款融资等。

(4)系统展示层

这一层为用户提供统一的交互方式,保证系统访问的高可用性。

考虑到打通内外用户的交互应用,需要对多方面的业务数据进行集成,不仅需要与企业内部 ERP 系统、财务管控系统、生产管理系统、销售管理系统、票据系统等进行集成,还需与企业外部的 CA 机构、RA 机构、时间戳、银行系统、物流系统、保险系统等进行集成,以及时获取信息并进行内外部推送和共享。

1.2.2.2 业务架构

在业务架构上(如图 1-5 所示),系统涵盖金融服务、行业服务、融资协议管理、保险服务这四大业务。其中,金融服务是核心业务,是对预付款融资、存货融资、应收账款融资的重要业务实践。该业务建立了一个将核心企业、用户、生

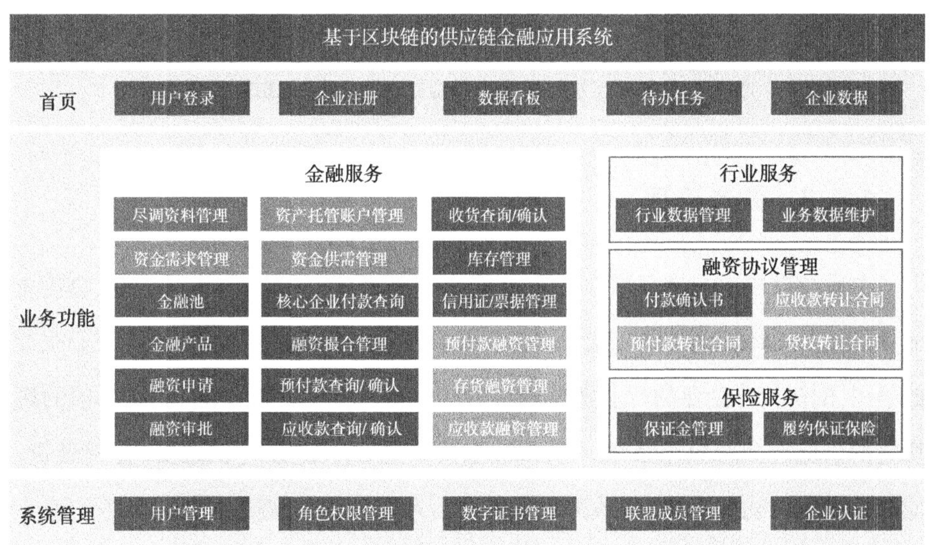

图 1-5 基于区块链的供应链金融应用系统的业务架构

产商、供应商、分销商、零售商、物流企业、金融机构、监管机构多方匹配在一起的载体。核心企业选取部分供应商接入区块链网络，引进金融机构，通过多方的不断撮合，找到资金供给和需求，从而寻求最佳的融资方式。

1.2.2.3 集成架构

在集成架构上（如图 1-6 所示），基于区块链的供应链金融应用系统包括 RA 系统、无纸化签名系统、时间戳服务系统、财务管控系统。通过系统间的业务集成与交互，帮助核心企业和融资企业完成合规、合法化的融资业务。

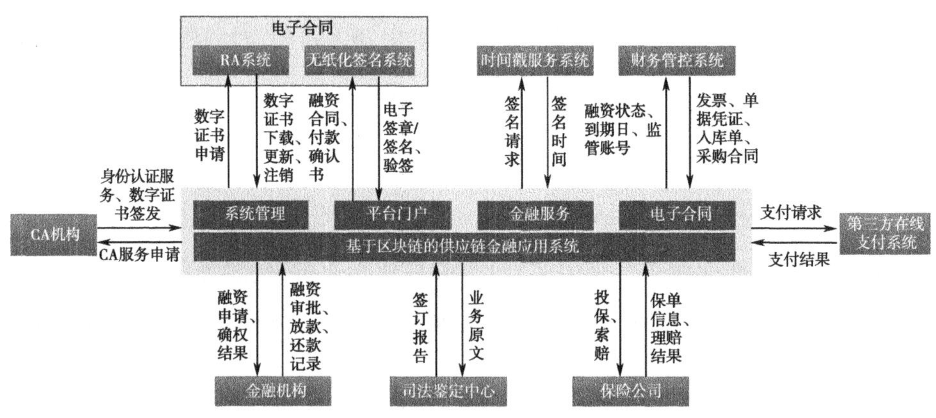

图 1-6　基于区块链的供应链金融应用系统的集成架构

1.2.3 业务流程

本系统搭建了一个以核心企业、各级供应商、生产商、分销商、零售商、物流企业、银行、保理商、金融机构、监管机构等组织为成员节点的联盟链，依托核心企业的信用，围绕核心企业的产业链构建了一个主体自治、数据自主、价值可信的区块链的供应链金融应用系统。该系统主要实现区块链预付款融资、存货融资、应收账款融资功能，其中应收账款融资是目前企业落地实践最多的融资方案。

1.2.3.1 预付款融资——信用证融资

预付款融资是指在上游企业承诺回购的前提下，由第三方物流企业提供信用担保，中小企业以金融机构指定仓库的既定仓单向银行等金融机构申请质押贷款来缓解预付货款压力，同时由金融机构控制其提货权的融资业务。其中，信用证授信融资是预付款融资的主要模式之一。以下主要描述运用区块链技术来优化信用证融资业务流程。

传统的国内信用证是典型的以单据审核作为判断是否到期付款的业务，贸易背景真实性的核实难度较大。国内信用证的开证行、通知行、议付行均为同一家银行的分支机构，很难实现跨行流转，仍然有大量的手工工作[27]。银行通常只能掌握无任何物权效力的运输收据，这导致信用证融资的成本较高。

本章提出在联盟链中加入进口商、出口商、开证银行、通知银行、议付银行等节点，并对接信用证业务系统，形成一个区块链的信用证信息传输网络，实现了国内信用证电开代替信开。利用区块链优化信用证融资的主要业务流程如图 1-7 所示。

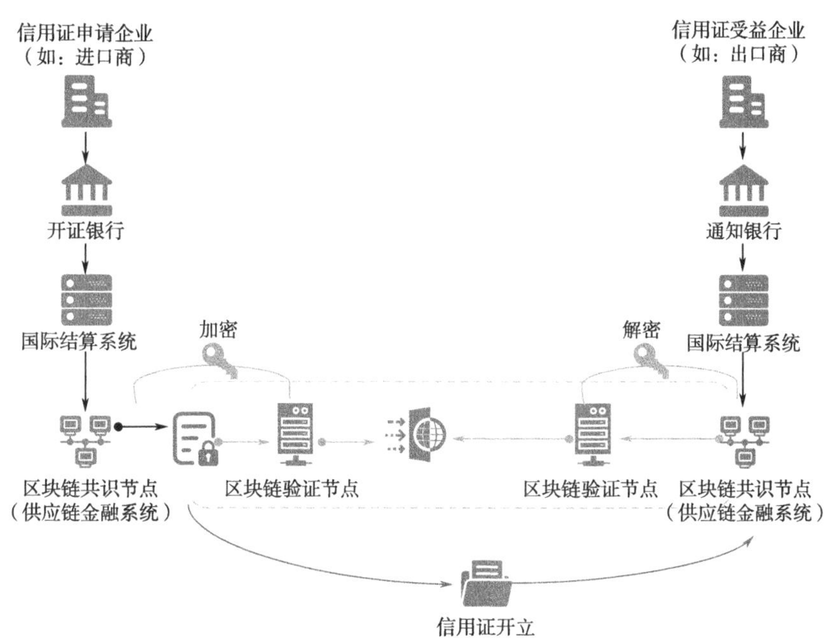

图 1-7　基于区块链的信用证业务流程

(1)编译商业交易协议

在进口商申请信用证之前,进出口商双方事先就此货物买卖或服务交易达成一致意见,编译交易协议。该协议包括:协议时间、进口商、出口商、交易总金额、货物信息描述、目的地、第一次付款金额、附加信息、协议状态、付款状态。由双方电子签署并在区块链上经多节点认证后上链存证。

(2)申请、草拟信用证

进口商发起信用证申请,并起草信用证条款和履约条件,提交给开证银行等进行审核批准。信用证的要求被记录在智能合约中,可以精确地指定履约条件,例如发货地点和发货时间、运输模式、商品质量等。信用证的内容可以包括:开证银行、信用证号码、开证日期、有效期限、申请人、受益人、信用证金额、通知行、议付行、货物信息描述、目的地、可否分批装运、要求文件、信用证状态等。

(3)审批、链上存证信用证

开证银行受理电开信用证数据,并等待参与各方审核及批准信用证履约草案。一旦审批通过,国际结算系统开放 Web Service(基于网络的模块化组件)发送信用证相关指令,供应链金融系统中的区块链共识节点收到信息后以交易形式将数据加密,并存储到分布式账本中。信用证将经共识协议上链存证、不可修改,参与各方基于其访问权限查询或使用该信用证。

(4)读取信用证数据

共识节点定时任务轮询检查任务数据库,根据任务类型分别进行协议转换、文件拉取等处理,处理完成后,共识节点负责通过 socket[①] 向验证节点发送信用证融资合约交易。信用证数据通过记账节点写入区块链,通知业务平台解密读取区块链,无误后送通知行国际结算系统。

(5)履行信用证条款

基于进口商提交的文档证据,对信用证中载明的验证条件进行评估。对信

① 在计算机通信领域 socket 被翻译为“套接字”,它是计算机之间进行通信的一种约定或一种方式。

用证的任何后续修改可以使用多重签名机制来完成。被编程成智能合约的交易履约的条件和支付条款将会被强制自动化执行。

验证节点位于防火墙之后(DMZ 区中),对外开放一个固定端口。验证节点之间通过 TLS 协议(安全传输层协议)建立连接,提供保密性和数据完整性。共识节点、验证节点、业务节点和客户端等均通过 CA(Certificate Authority)中心颁发的数字证书来完成身份的识别,系统提供了 CA 和各节点的网络监控管理。区块链上存储的数据使用加密的方式进行保存,具体业务数据使用满足银行安全要求的国密标准进行加密。区块链的智能合约中对用户的权限进行校验,不同的角色具有不同的操作权限。区块链底层技术支撑平台会对每个交易行为进行验签,并进行记录。

在区块链的信用证业务流程中,不同进出口商、银行、运输组织、监管组织等主体之间交互的业务逻辑将通过智能合约来完成,包括融资协议管理、信用证管理、出口许可管理、提货单管理、付款管理、运输点管理和权限控制等(见图1-8)。企业可以通过系统中的查询请求模块来实现融资交易协议、信用证、出口许可、提货单、账户余额和运输地点的查询,也可以通过调用请求模块来发起及接受融资交易请求、申请及发行信用证、申请及发行出口许可、准备出货、发行提货单、付款及请求付款、更新运输地点等。

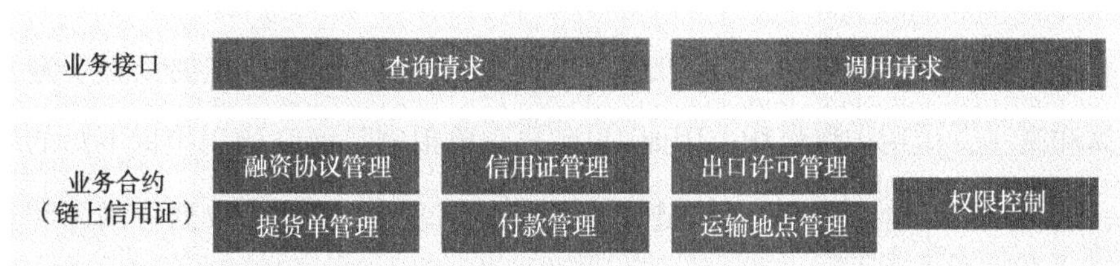

图 1-8 供应链金融应用系统上信用证的业务合约和业务接口

基于区块链技术,将国内信用证的开立、通知、交单、延期付款、付款等各环节上链,具有传统信用证业务无可比拟的优势。首先,信用证流转过程更加透明和可追踪，各个节点都能看到整个信用证业务的办理流程和主要信息，比传统信用证业务更透明和高效，避免错误和欺诈的发生。其次，缩短了信用证及单据传输的时间，报文传输时间可达秒级，大幅提高了信用证业务处理效率。最后，利用区块链的防篡改特性提高了信用证业务的安全性。随着银行处理效率的提升，成本降低了，意味着企业也可以享受到更便宜、更高效的服务，无须再等待漫长的信开和寄单环节，加快了供应链上中小企业资金周转的速度。

1.2.3.2 存货融资——仓单质押融资

存货融资/库存融资是以资产控制为基础的商业贷款。目前，我国存货融资的主要方式有静态抵质押授信、动态抵质押授信和仓单质押授信。下面主要描述运用区块链技术来优化仓单质押融资业务流程。

仓单是在存货人按照仓储合同约定将仓储物交付给保管人后，由保管人向其出具的提取仓储物的物权凭证。仓单持有人对所持仓单及其标的仓储物拥有处置权，可以通过在仓单上背书并经保管人签字或盖章后转让仓单项下仓储物的所有权，也可以通过质押仓单获取融资服务。

在我国，通常参与仓单业务的机构间系统相互独立，信息孤岛现象明显，尤其是仓单在经过多次转让、连续交易、质押等操作后，极易发生有效信息的缺失，造成信息链条不完整、权责不明确等问题，易出现虚开仓单、重复质押等风险事件。相较于标准仓单，非标准仓单的信用水平较低，信任主要依赖于签发主体和第三方信用担保机构。因此，非标准仓单很容易面临信用担保不足的问题，导致市场流动性不佳。区块链技术具有的信息公开透明、数据可溯源和难篡改等特性对于解决上述问题具有积极的意义。

本章提出使用区块链技术构建仓单质押融资联盟链（如图1-9所示），由核心企业组成联盟链的多中心组织，对区块链网络内的仓单业务进行信用背书，有利于核心企业的信用传递，提高非标准仓单的信用水平。仓单联盟的节点企业包括港口仓储企业、融资方、银行、大宗商品交易所、保险机构、质检机构等部门。在该联盟链中,各节点企业需要将相应的信息加密后传输至区块链上。港口仓储部门将质押物的库位、货权、兑付等记录上传。质检部门需要核对货物的等级、种类、产地、数量等信息,生成质检报告,上传质检信息。融资方需要提供企业的基本信息、财务信息、货源等真实信息。大宗商品交易所需要将生成的标准仓单信息上传至区块链上,确保仓单的真实性和不可篡改性。银行需提供放贷信息以及还款信息,触发智能合约对仓单进行质押和解押等操作。保险机构则需要上传保单信息,以保证风险一旦发生便会触发兜底条款。

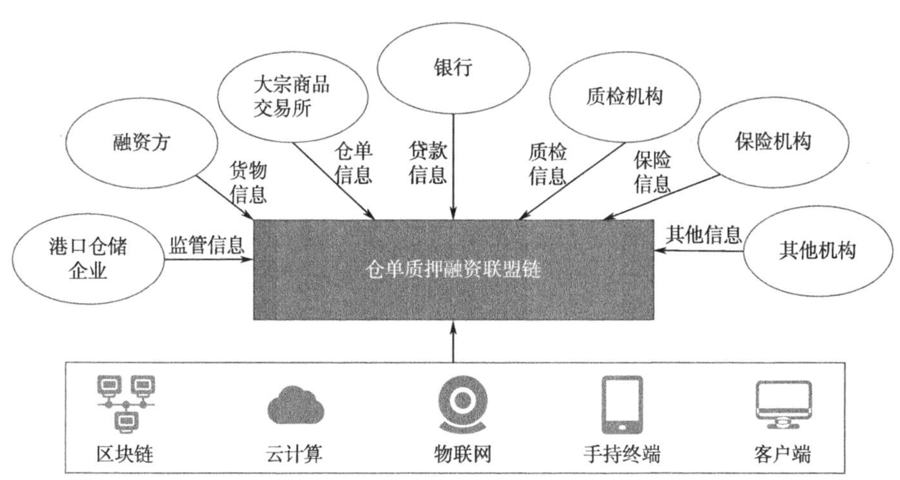

图 1-9 仓单质押融资联盟链[29]

此外,在仓单质押融资中,货物的体积、重量、件数和位置等信息对货权认定有着直接影响。因此,有必要通过使用射频识别(RFID)设备、摄像头、传感器、定位设备等物联网感知设备作为物理节点对仓库中质押货物的位置、体积、重量、形状轮廓、温度以及操作人员等状态进行实时监控。一旦状态发生改变,则立即发出报警信息通知仓库监管人员及银行,以确认更改信息,保证货物资产的安全。简单来说,从仓储货物的入库、入库调整、锁定、质押、解押、出库、退货入库等全流程数据第一时间上链,杜绝数据信息造假,使得仓单数据流转自身能形成一个完整的闭环,数据能自证清白。

利用区块链优化仓单质押融资的主要业务流程如图 1-10 所示。

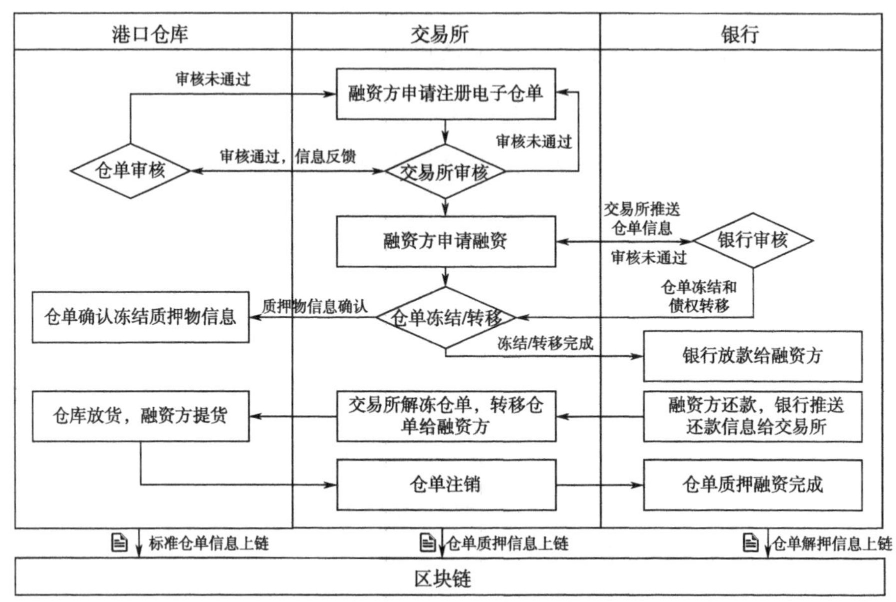

图 1-10 基于区块链的仓单质押融资业务流程

(1)货物到库

融资企业将质押货物运到物流公司指定仓库,并向物流公司递交抵押货物详细信息,包括货权的合法凭证、货物的规格、数量等,以及质押申请材料。这些材料均需上传至区块链的供应链金融系统。

(2)仓单生成

融资企业向交易所申请注册电子仓单,交易所需同港口确认质押物的信息,审核通过后自动生成电子仓单。电子仓单经哈希运算生成“数字指纹”且由签发方数字签名后,广播至区块链上,存证于系统。

(3)仓单拆分

可以将金额较大的仓单进一步拆分,兑换成若干份标准的仓单融资合约,并面向全网发布。融资方可以根据自己的需求通过系统出资购买标准的仓单融资合约,融资企业获得相应的融资款。

(4)仓单回购

融资期限到期后,融资企业完成对融资合约的回购,向系统支付对应的本金和利息等相关费用。收到融资合约的回购费用,将质押在系统的仓单激活。

(5)仓单质押

仓单质押的业务逻辑实质上是电子仓单债权人的转移,即资产从融资企业转移至银行,其间需要经过港口仓储企业、交易所以及银行节点的背书。融资企业向银行提交融资申请,银行同意放款后,触发智能合约将仓单的债权人更改为银行。电子仓单的信息以及融资过程中仓单的质押、解押等信息都会被记录在区块链上,从而保证信息的可追溯性和透明化。

具体来说,利用区块链优化的流程为:

第一,融资企业首先向本系统提出质押融资申请,系统确定该单证存在并且属于融资企业,则自动返回背书状态“融资企业背书”,表示背书内容需要得到融资企业确认。此时,融资企业则开始填写背书转移单,该转移单里包含质押申请、融资企业的数字签名以及港口仓储企业的地址等信息。

第二,融资企业确认后接着传递到港口仓储企业背书,系统自动返回背书状态“港口仓储企业背书”。港口仓储企业需要确定质押物等信息,确认无误后进行背书,然后系统继续传递到交易所,自动返回背书状态“交易所背书”。此时,在背书转移单上增加了港口仓储企业的数字签名,地址更换成了交易所。

第三,交易所确认仓单的真实性和融资企业的真实贸易等情况,背书完成后系统最后发送背书指令给银行,在交易所背书转移单上增加了其数字签名,并将地址更换成了银行的地址,返回“银行背书”状态。

第四,银行对仓单等信息审核通过后通知融资企业,并在背书转移单上增加其数字签名,整个背书过程完成。每次背书转移单的更新和传递都在链上完成,保证仓单的不可篡改和透明性。

(6)资产冻结

融资企业收到银行的背书后,发送仓单质押转移单给银行,交易所将电子仓单进行冻结,并且将资产转移给银行,银行对冻结的资产不可进行挂牌交易。

(7)仓单解押

银行申请融资,银行通过申请后,智能合约自动冻结仓单且仓单债权人转移至银行名下。当融资企业在规定时限内还款时,智能合约将自动解冻仓单,债权人重新转移成融资企业。

(8)仓单查询

仓单的整个生命周期的交易记录都存在区块链上,中小贸易商申请融资时,银行可以查询到该仓单是否被质押过,是否变更过债权人,以防止重复质押及冒名顶替。一旦仓单发生篡改等问题,可以通过仓单 ID 查询溯源到具体的交易信息。

(9)仓单删除

融资方还款完毕,将货物从港口监管仓库取出后,仓单质押信息失效。为了防止仓单再次流入区块链上进行交易,需要将仓单删除,但是仍保留其交易信息,用来溯源。

通过接入各类智能化设备,运用物联网技术对线下质押物进行实时监管,运用区块链技术对线上仓单生成、质押、交易等过程进行实时监管,线上线下结合保证质押融资的安全性。通过智能合约技术,仓单会自动流转,节点企业只要登录平台,就能完成对仓单的核验工作。基于智能识别和物联网技术,能很快识别质押物的信息,自动生成电子仓单。区块链技术所具有的不可篡改、透明性、分布式等特性,使得交易能够广播至各节点。交易所本身需要融资方缴纳保证金,并且借助物联网技术使得作假困难且成本高。各个企业之间组成一个区块链联盟,实现联盟内信息共享。各节点企业相互合作,共同打造一个产业生态圈。

1.2.3.3 应收账款融资

应收账款融资模式是指企业为取得运营资金,以卖方与买方签订真实贸易合同产生的应收账款为基础,为卖方提供的以合同项下的应收账款作为还款来源的融资业务。应收账款融资的主要方式有保理、保理池融资、反向保理、票据池授信等贸易融资。下面主要描述运用区块链技术来优化应收账款融资业务流程。

传统的应收账款融资很大程度依赖交易双方之间的"贸易真实性",银行、保理商等金融机构在审批融资申请前,需要进行全面的尽职调查,但由于各主体之间存在信息孤岛,因此金融机构不能做出精准评级与有效授信,融资企业也难以自证清白。应收账款转让达成协议之前需要保理商线下审核,存在签约且融资流程长、贴现复杂、不能拆分、对此账款的应付方信用要求高、流转范围小、保理确权难等问题。

本章提出将供应链上的核心企业、各级供应商、保理商、再保理商、银行等机构加入联盟链网络中(如图 1-11 所示)。在这个联盟链上,各方可以共享一个透明可靠的信息平台和追溯流程。基于链上存证的进货、采购、生产、销售、订货处理、库存控制等商流和物流信息来对应收账款的资金流进行佐证。例如,在采购阶段,原料供应商需要提供原材料的生产证明信息,以及用于帮助识别该原材料特征的标签、生产商生产该原材料的年产量信息等,这些参数可以针对不同类型的原材料进行调整。原材料作为产品的源头,其真实性尤为重要，这些原材料的信息都需要登记到区块链中，如果信息长度过大，可只将其数字指纹（哈希值）记录在区块链中。在制造阶段，其输入必须为上述采购阶段的输出。如果产品制造需要多种原材料，则把每一种原材料都作为输入，记录制造方、制造时间戳等信息，输出为产品。在销售阶段，为每件产品生成一个独一无二的标签，可使用二维码、近距离无线通信技术（NFC）、射频识别（RFID）标签的形式链接到产品原材料、成分或者产品本身的区块链证明。

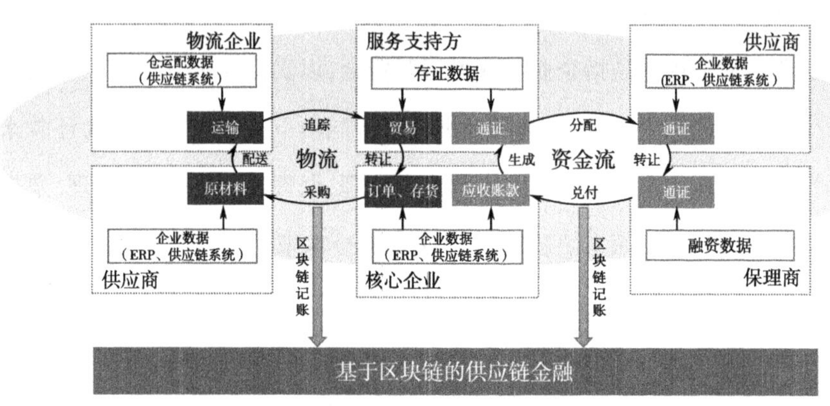

图 1-11　基于区块链的应收账款融资的多流数据存证上链

在区块链系统内，核心企业将与一级供应商开展应收账款业务，将信息保存在区块链系统中，并产生相对应的数据凭证。当一级供应商与二级供应商产生业务时，一级供应商可以将与核心企业所产生的凭证拆分，使具有核心企业担保的数字化应收账款凭证可以在上游传递。最后，供应链中所有参与者的信息会汇集到核心企业系统内，并最终与商业银行进行数据流转以使整个供应链系统内的企业获得金融服务（如图 1-12 所示）。以核心企业为基础的“区块链+供应链金融”模式的优势在于，区块链技术使信息的流动更加高效并可追踪，提升整个供应链金融系统的透明度。而债权的拆分可以使用智能合约的形式自动执行，保证其可信性。同时，债权在各个节点的流转，加深了各节点之间的联系紧密度，为下游企业融资增强了信用。

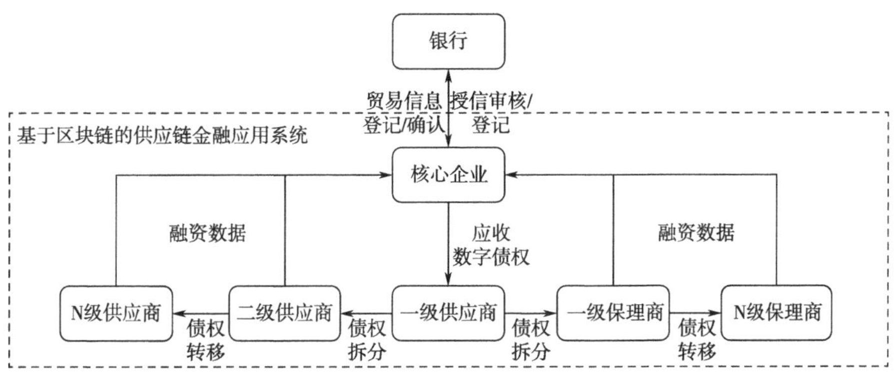

图 1-12　基于区块链的应收账款融资总体业务逻辑

利用区块链优化应收账款融资的主要业务流程如图 1-13 所示。

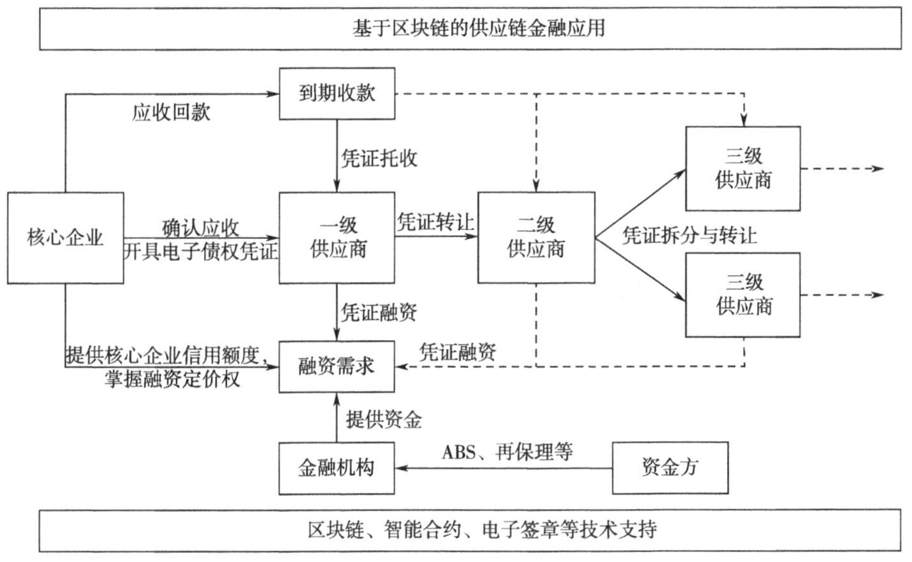

图 1-13　基于区块链的供应链金融应用系统应收账款融资总体业务流程

(1)系统对接

金融机构与商业银行可以签订数据直联的合作协议,将核心企业 ERP(Enterprise Resource Planning,企业资源计划)系统的业务流、合同流、物流、资金流等关键点数据按照时间顺序直接上链存证,由金融机构根据核心企业的资产实力情况给予一定额度的授信。

(2)融资授信

系统中的核心企业需要从银行(资金源头方)获得授信支持,而后者会根据该企业规模大小、经营状态、主营业务、资产状况等信息来提供一定保理授信额度以支撑核心企业的流动资金。

(3)通证生成

系统集成核心企业的 ERP 财务系统,自动导入或由财务人员手动输入一定金额的应收账款,并填入其相应账期、到期日、付款方等信息,生成数量、账期相匹配的通证,并将该通证分配给对应的债权人(一级供应商),其中,1 元人民币=1 单位通证锚定(转换比率可自定义)。该数量的通证也许在核心企业已有的授信额度内,而且由区块链管理。

(4)通证发放

系统根据核心企业的应付账款清单在区块链上生成通证并向核心企业的一级供应商发放通证,同时约定通证到期日。

(5)供应商推荐

核心企业将可能有应收账款融资需求的一级供应商直接推荐给金融机构,由金融机构逐个对供应商进行合规性准入审核;对于金融机构审核通过的一级供应商,可以推荐它的上游二级供应商给金融机构,依此类推。

与此同时,由于在联盟链中供应商持有多少数量的通证、这些通证的账期甚至该企业的资信等信息可被授权限制性公开,链上的保理商等金融机构可实时查看到各级供应商手上所持有的通证情况,可以从中选择背书强、利率高的供应商来作为资金需求方,填写《融资意向函》并发送给供应商,实现对链上各级供应商的主动授信和线上营销。

(6)融资申请

在核心企业确认的前提下,已经形成数字债权(即“通证”)的一级供应商,可以向保理商或银行等金融机构申请融资,或者将已确权的应收账款拆分给二级供应商,以用于支付自己的货款。

(7)债权转移

保理商收到通证后,可转让给其他保理商,用于抵销应付账款,也可用于向其他保理商融资;二级供应商和再保理商收到通证后,也可以转让给其他供应商或保理商,或向其他保理商融资,依此类推。该通证可以在供应商与保理商之间、保理商与再保理商之间进行让售(即转让出售),在供应商与供应商之间进行质押支付,从而完成区块链上的应收账款融资业务。

(8)合同签订

在执行数字债权转移时,债权转让双方需要签署合规合法的电子保理合同。电子保理合同是由智能合约进行合同模板编写,然后由双方达成的协议,包括转移多少通证、到期日期、是否回购等合同要素。一旦合同签署完成并上链存证,系统就会根据合约内容进行代码强制化通证转移,最终实现数字债权的转移。签署时,借助区块链技术对合同签订者的身份进行验证,提供可靠的数字证书与电子签名;在合同签署完毕之后,可以通过区块链技术对用户的电子签名、合同内容以及签署的过程进行归档与存证,进而固化了其法律效力,为日后可能发生的保理纠纷做司法佐证。

(9)审核放款

金融机构(如保理商)对核心企业的确权审核无误,向供应商收集发票复印件、对账单等相关资料,同时确认核心企业支付款项的账户为已开设的专项监管账户,并签署合同后,便可以开始启动放款。

(10)通证回购

此模块用于处理在回购到期日交易双方通过相关功能进行回购的执行、回购款的支付、已收回购款的确认等操作。使用通证进行融资时,可支持回购业务。融资回购是交易双方以通证(即一级供应商针对核心企业的应收账款)为权利质押所进行的短期资金融通业务。在融资交易中,卖方(回购方)在将通证出质给买方(逆回购方)融入资金的同时,双方约定在将来某一日期再由卖方(回购方)以事先约定的价格和数量从买方(逆回购方)购回同种通证,由买方向卖方返还原出质通证。融资回购能够满足卖方的短期资金需求,减少因为融资期限过长造成的不必要的利息费用支出。

(11)到期兑付

实到资金到期后,核心企业直接将款项偿还给金融机构。这里的融资兑付分为两种,一种是到期回购,另一种是到期不回购。对于到期回购的,回购日期不得晚于通证到期日;通证到期后,核心企业向通证的最终持有者支付账款,到期后的通证自动销毁。销毁的通证后续将不会在系统中再次流转。

(12)授信管理

核心企业获得的额度通过智能合约管理,随着通证的不断生成与供应商的分配,利用合约自动减扣对应的额度,授信额度及其变动会被联盟链多方共识共享,为保理业务作信用背书。

总而言之,通过区块链的供应链金融应用系统来完成对应收账款的登记上链,生成一种数字债权(量化为“通证”)。该数字债权可按需开展拆分、转移、承兑、保兑、支付、质押等业务,以此帮助企业高效、可追溯地融资。

可以看出,系统中的通证就是应收账款的价值承载者,它从生成、转让到销毁的所有过程都被区块链记录;同时,在通证转让、融资、回购时,都会在电子合同系统中签订转让合同、保理合同、再保理合同、回购合同,这些电子合同也被记录在区块链上。因此,应收账款整个流转过程中的金融活动都是可追溯的,不可抵赖的,并具备法律效应的。

1.2.4　供应链金融的多链模型

在供应链的金融活动中,牵头单位可以是信用背书方(核心企业),也可以是资金来源方(银行、保理商等)。为了使信用证、电子仓单、应收账款这些数字资产在拆分、流转过程中更具有灵活性,适应不同行业的融资应用,需要设计由不同供应链的(联盟架构)单链组成多链(如图 1-14 所示)。单链与单链之间的业务交易互相隔离,每个单链都有独立的账本体系。多链以核心企业为中心,它们拥有更高一级的用户权限。在供应链金融网络中,允许一个业务节点同时接入多条通道,从而加入多条链,参与到不同的业务中。例如,某一核心企业的二级供应商同时为另一家核心企业供货,那么该二级供应商就可以同时加入这两家核心企业牵头的单链,在不同通道中维护自己加入的链的账本信息。

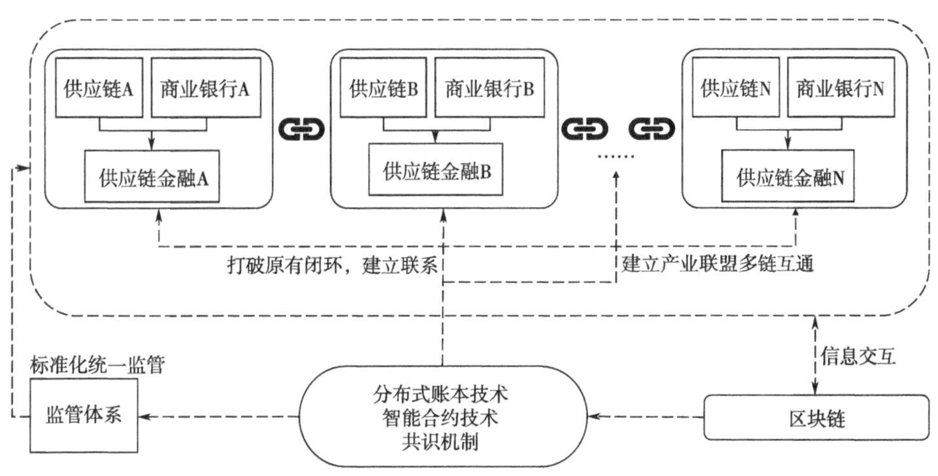

图 1-14　多链建立供应链金融产业联盟

在某个单链上,牵头单位通过与第三方 CA 的信息交互,负责其他用户(如供应商)的身份认证及准入。对于认证成功的用户,分配本单链的公钥和私钥,并加入允许用户列表。众所周知,区块链的非对称加密不仅能够通过私钥保证资金被某一特定用户接受,也能通过公钥来验证资金来源。当两个业务节点发生连接时,首先需要通过公钥验签完成“握手”,确认对方在允许用户列表中,再进行下一步的金融活动。具体步骤如下:

第一步,双方节点在允许用户列表中将其标识显示为公开地址。

第二步,双方节点验证对方地址是否在其允许用户列表上。

第三步,双方节点向另一方发送质询消息。

第四步,双方节点发回质询消息的签名,证明他们对公开地址所对应的私钥的所有权。

第五步,如果任一节点对结果不满意,则终止该连接。

在单链创建时,允许牵头方(如核心企业、金融机构、区块链运营方等)在配置文件中设置该条单链的参数,包括区块链协议、出块时间、区块大小、活动权限类型、共识难度、点对点连接的 IP 端口以及 JSONRPC API(无状态的轻量级远程过程调用协议)、允许交易的类型、每次交易的最大元数据。多个单链可以在单个服务器上处于活动状态,每个单链都有自己的名称和配置文件。要创建新的单链,需要两个步骤:首先,牵头方输入链的名称,创建包含默认设置的配置文件,用户可以修改此文件;其次,牵头方启动区块链,并被赋予所有用户权限。创世区块自动加载,保存配置文件中所有区块链参数的哈希值,以防止后续的意外更改。

首次启动时,区块链仅在单个节点上运行。要添加新节点,需要提供三个参数:目标区块链名称、目标区块链的 IP 端口、现有节点的 IP 地址;之后,系统生成包含新节点地址的消息并发送给牵头方;牵头方验证新节点身份,成功后通过创建简单命令向该地址赋予连接权限,准予接入区块链;最后,新节点自动下载该条单链的配置文件,成功连接。

通过多链建立供应链金融产业联盟,有助于信息交互、打破原有单链闭环,建立产业联盟多链互通,并统一监管标准和降低风险。一是打破了原有供应链金融单链闭环的约束,形成网络化、信息化并拥有有效监管体系的产业联盟,扩大了市场规模,激发了金融市场的活力;二是建立了多链多主体的跨链联系,扩大了资源网络,为形成供应链创新、供应链金融创新提供了有力支撑;三是各个主体对链上数据进行分析,在对以往生产活动进行检验和修正的同时对未来供需进行预测,挖掘客户需求,合理分配产能和资金;四是统一了监管体系,完善了监管标准,在提高金融活动效率的同时加强了监管力度,让供应链金融更加规范化;五是降低了综合风险,跨链关系的形成降低了因原有供应链内部关系被打破的内部风险,同时,产业联盟的形成也提高了共同抵御外部风险的能力。

1.3 痛点问题及应对策略

1.3.1 节点数量制约着交易数据的真实性和记账效率

在实践应用过程中,若共识层节点数过少,则交易数据的真实性无法得到保证;若共识层节点数过多,则交易共识确认时间较长,记账效率低,特别是开展跨境供应链融资业务。因此,如何确定共识层节点数,既保障交易数据的真实性又能保障效率,是区块链平台设计的一大挑战。

在区块链共识机制上,应用设计的重点不在于研发新的共识方法,而在于选择一种最适合供应链业务应用的联盟链共识机制。共识机制分为拜占庭容错和非拜占庭容错两大类。由于供应链业务可以扩展到整个产业链,应用范围广泛,存在着作恶节点的可能性,因此首选拜占庭容错的共识机制。

1.3.2 企业数据隐私安全管理面临挑战

供应链金融的联盟链拓展了企业高效协作的边界,但与此同时,核心企业不仅担忧数据泄露,也担忧财务、税务、员工工资等核心数据共通之后,在同行竞争中失势。因此,需要完善隐私管理技术手段,如增加分组、分层的访问控制,设置成员节点权威身份认证,避免贸易往来数据的泄露。

具体来说,可以将数据在链下加密后再上传到区块链上,或是对数据脱敏处理后,将其计算结果反馈至指定数据使用者;也可以结合零知识证明、同态加密、TEE、MPC、多通道隔离机制等手段提升多方协同场景中的隐私保护能力;还可以通过控制信息访问权限,实现数据在供应链多主体之间的“可用而不可见”。

1.4 本章总结

本章针对供应链金融中存在的问题,提出了一种基于区块链技术的供应链金融方法,主要贡献在于:

第一,通过将企业的预付款(如信用证)、存货(如电子仓单)、应收账款等资产进行数字化升级、上链登记,数字资产可以作为信用凭证,在供应链中流转而传递给上游供应商,从而解决供应链末端的小微企业融资贵、融资难的问题。

第二,供应链金融的联盟链向银行、保理、担保、信托等各种金融机构,以及供应链上下游的核心企业及供应商全面开放。预付款、存货、应收账款等资产的全生命周期数字资产上链,数字资产的生成、流转、融资、销毁直接在链上完成。

第三,支持核心企业利用区块链技术,通过数字资产/债权的多级流转,对供应链进行穿透式管理,降低供应链风险。

第四,通过将区块链技术与传统供应链金融业务相融合,完善贸易企业信用体系,体现数据价值,提升资金活力,实现信息共用、信用共创、风险共担、价值共享的供应链金融生态建设。

本章参考文献

[1]储雪俭,高博. 区块链驱动下的供应链金融创新研究[J]. 金融发展研

究,2018(8):68-71.

[2]谢泗薪,胡伟. 基于区块链技术的供应链融资服务平台构建研究[J]. 金融与经济,2020(1):85-90.

[3]郭菊娥,陈辰. 区块链技术驱动供应链金融发展创新研究[J]. 西安交通大学学报(社会科学版),2020,40(3):46-54.

[4]可信区块链推进计划. 区块链与供应链金融白皮书(1.0 版)[R]. 2018-10.

[5]王艳芳,赵鹞."区块链+金融"不是真正意义上的金融创新——基于信息不对称与交易成本的视角[J]. 南方金融,2018(10):25-32.

[6]高颖. 区块链对供应链金融的发展探究[J]. 现代经济信息,2017(3):285.

[7]叶望春. 平安金融壹账通壹企链平台实践[J]. 当代金融家,2019(5):82-84.

[8]阮晓雅. 基于区块链技术嵌入的供应链金融模式财务问题研究——以蚂蚁金服双链通为例[J]. 山西农经,2020(10):162-163.

[9]卢瑞元,王子恒,李领治,等. 基于 Hyperledger Fabric 的区块链农产品溯源方案[J]. 计算机科学与应用,2020(5):811-823.

[10]唐剑冰. 区块链技术在供应链金融应用的思考[J]. 区域金融研究,2018(8):24-26,32.

[11]张功臣,赵克强,侯武彬. 基于区块链技术的供应链融资创新研究[J]. 信息技术与网络安全,2019,38(10):14-17.

[12]周杰,李文敬. 基于云计算的物流区块链共识算法研究[J]. 计算机工程与应用,2018,54(19):237-242.

[13]于爱荣,王俊,孙海,等. 基于区块链和智能合约的财务管理系统建设[J]. 计算机技术与发展,2021,31(4):164-169.

[14]张奥,白晓颖．区块链隐私保护研究与实践综述[J]．软件学报,2020,31(5):1406-1434.

[15]许荻迪．区块链技术在供应链金融中的应用研究[J]．西南金融,2019(2):74-82.

[16]高昊昱,李雷孝,林浩,等．区块链在数据完整性保护领域的研究与应用进展[J]．计算机应用,2021,41(3):745-755.

[17]夏兵,张军令．我国银行业“区块链+供应链金融”业务的现状分析及推进建议[J]．新金融,2020(10):28-31.

[18]张路．博弈视角下区块链驱动供应链金融创新研究[J]．经济问题,2019(4):48-54.

[19]盛瀚．区块链技术在供应链金融中的应用探索[J]．银行家,2020(1):133.

[20]金会芳,吕宗旺,甄彤．基于物联网+区块链的粮食供应链金融的新模式研究[J]．计算机科学,2020,47(S2):604-608.

[21]周达勇,吴瑶．区块链技术下供应链金融与科技型中小企业融资[J]．新金融,2020(10):49-54.

[22]林楠．基于区块链技术的供应链金融模式创新研究[J]．新金融,2019(4):51-55.

[23]邓爱民,李云凤．基于区块链的供应链“智能保理”业务模式及博弈分析[J]．管理评论,2019,31(9):231-240.

[24]林键,陈光．区块链在信贷风险控制中的应用[J]．中国金融,2020(22):58-59.

[25]宋华．智慧供应链金融[J]．经济理论与经济管理,2019(10):116-116.

[26]付玮琼．核心企业主导的供应链金融模式风险机理研究[J]．企业经

济,2020,39(1):136-143.

[27]蔡恒进,郭震,肖华."区块链+国内信用证"应用场景探讨[J].金融电子化,2018(4):72-74.

[28]刘子腾.基于fabric的国际贸易信用证付款系统的设计与实现[D].华中科技大学,2018.

[29]王晓光,周强,徐开元.基于区块链的电子仓单质押信任机制分析与设计[J].供应链管理,2021,2(3):93-104.

思 考 题

1. 目前的供应链金融存在着哪些挑战?

2. 结合区块链在供应链金融领域的应用现状,分析区块链技术可以优化中小企业融资的哪些方面,为什么?

3. 供应链金融联盟链由哪些节点构成?分别履行哪些职责?

4. 基于区块链的供应链金融应用系统涉及哪些部分?系统技术架构的各个层次分别起到什么作用?

5. 以预付款融资、存货融资、应收账款融资为例,简述数字资产数据和融资数据是如何上链的。

6. 举例说明利用区块链进行供应链金融的流程。

7. 如何保证融资过程中数字债权转移的真实性?

2 区块链票据

学习要点和要求

1. 传统票据、电子票据和数字票据的概念和特征(了解)
2. 区块链在票据领域的应用现状(掌握)
3. 电子发票联盟链的构成(掌握)
4. 区块链电子发票的总体业务流程(考点)
5. 区块链财政电子票据的参考架构(考点)
6. 数字票据交易平台的设计思路(考点)

2.1 背景与现状

2.1.1 电子票据和数字票据的概念、特征和现状

票据是传统意义上的结算工具之一,其传统形式也是以纸质票据为主。但随着现代计算机网络技术、数字技术的发展,电子商务迅速崛起,其交易过程中以网络为基础的数字化支付方式正逐渐取代传统支付,并由此形成了一种数字化形态的票据——电子票据。所谓电子票据,实际上就是一种资金传递的电子指令,具有虚拟化特点。电子票据已在许多方面取代了纸质票据,成为互联网金融结算中的主流,但实际上,电子票据也是以纸质票据为基础的[1]。就目前而言,国内对电子票据的定义仍较为模糊。从狭义上讲,电子票据以电子签名为基础,以数字信息取代纸质票据。而从广义上讲,电子票据就是票据的电子化,即对传统纸质票据的电子化,使纸质票据的出票、转让、质押、贴现、委托收款和承兑等环节都以电子化的操作代替,从而代替纸质票据完成部分流转和支

付工作[2]。

电子商业汇票方面，2009 年 10 月，中国人民银行建成电子商业汇票系统（Electronic Commercial Draft System，ECDS）并投产运行，20 家金融机构成为首批用户，中国票据市场正式迈入电子化时代；2010 年 6 月，中国人民银行组织 ECDS 在全国推广应用，两批共接入金融机构 316 家，网点合计 64 681 个，232 家开通电子商业汇票业务，占比为 73%[3]；截至 2012 年 10 月 31 日，电子商业汇票系统完成出票、承兑、贴现和转贴现四大类电子票据交易 66 405 笔，增长 97.6%[4]；2016 年 6 月，中国人民银行正式宣布将用两到三年时间逐步完成电子商业汇票对纸票的替代；自 2018 年 1 月 1 日起，原则上单张出票金额在 100 万元以上的商业汇票应全部通过电子票据办理。电子商业汇票不但涵盖了纸质商业汇票的所有功能及特征，且方便、快捷、安全，并在此基础上进行了功能性的拓展[5]，有望摆脱长期以来传统纸质票据业务饱受遗失、损坏、抢劫、假票、克隆票等问题的困扰。

财政电子票据方面，2017 年 6 月，财政部印发了《关于稳步推进财政电子票据管理改革的试点方案》（财综〔2017〕32 号），正式启动了财政电子票据管理改革试点工作；2018 年 11 月，财政部又印发了《关于全面推开财政电子票据管理改革的通知》，全面推开了财政电子票据管理改革。全国首批财政电子票据管理改革试点地区包括北京、黑龙江、浙江宁波、福建、贵州、云南、湖南、重庆等，重点选择网上报名考试、交通罚没、教育收费、医疗收费等业务[6]。北京市作为首批试点省市之一，截至 2020 年 7 月 31 日共有 796 家单位实现电子票据改革，共计开具财政电子票据 3 192.2 万张，其中非税类电子票据 3 090 万张，医疗收费电子票据 77 万张，教育垫付电子票据 21.9 万张，公益捐赠电子票据 1.6 万张，社团会费电子票据 1 万张，资金往来电子票据 0.7 万张，开具金额 95.73 亿元[7]。

与传统的纸质票据相比，电子票据的权利证券化过程表现出以下几个非常明显的特征[8]。

(1)电子票据的电子性

电子票据信息是由一组含有用户身份、金额、密码等内容组成的特殊信息。归根结底,人们使用电子票据进行交易的过程就是票据信息交换的过程。电子票据的支付与流通,实质上是电子票据信息的支付与流通,这使得电子票据的支付与流通具有低成本、高效率的特点。

(2)电子票据的网络性

电子票据在支付与流通时以电子信息的形式传输到网络中,以电子数据的输出与输入为标志,具体表现为电子票据信息的交换,实现票据支付与流通的低成本与高效率。

(3)电子票据的安全性

电子票据以电子脉冲信号为载体,以电子密钥为行使权利的手段,可以在很大程度上避免出现票据的伪造、变造、克隆等情形,较之于传统纸质票据在安全性上大为提高。通过实施电子票据签发、转让和电子账户实名制,增值税票号、贸易合同号备案制,由电子系统记录票据流转全过程,从而实现票据电子全国联网查询,有效防范票据犯罪。

(4)电子票据的高效性

电子票据具有无纸化、虚拟性的特点,人们只需要一台连接网络的电脑就可以足不出户地在家里或者工作单位进行电子票据的交易、核实电子票据的票面信息等操作。电子票据极大地缩短了票据的在途传递时间,同时也为银行节省了在出票、验票等环节上的人力、财力投入,缩减了交易成本。

(5)电子票据的公开性

相对于传统纸质票据,电子票据的公开性更高。电子票据系统能够为客户提供查询平台,在该平台上客户可以查询到票据上记载的一切信息,为票据交易的当事人了解信息提供保障。

(6)电子票据的可控性

较之于传统纸质票据,中国人民银行对电子票据的监管更加容易。传统纸质票据的信息相对不公开,致使银行适时地对票据进行交易监控变得困难,也使得央行对宏观经济产业政策的制定处于滞后状态,对宏观经济发展不利。电子票据的优势就是可以了解资金的流向,及时地收集信息,能够适时地为央行的宏观决策提供参考。

由此可见,电子票据较纸质票据具有明显的先进性,可以有效地保证票据的真实性,然而,自中国人民银行2009年推出电子票据以来,发展还比较缓慢。央行数据显示,2013年电子票据的占比为8.3%,2014年达到16.2%,2015年上半年达到28.4%,市面流通的票据还是以纸质银票为主。与此同时,2016年以来全国发生了多起银行票据案件,仅农业银行、宁波银行、中信银行等七大"票据案"中涉及风险的票据资金超过百亿元,急需更具透明度的电子票据来规避风险。区块链技术的去信任、不可篡改、可追溯等技术特征与票据交易行为特征十分吻合,利用分布式账本与共识算法可以搭建一个可信的交易环境,避免信息的互相割裂和风险事件,防范票据欺诈行为,提高资金清算效率,降低结算成本。"区块链+票据"是以区块链为技术基础,依据目前银行汇票和商业汇票的属性、法律法规、票据的监管规定和市场需求进行创新的一种新型票据(有价证券)表现形式[9]。它既具备电子票据的功能和优点,又利用区块链"去中心化、分布式账本、智能合约"等技术优势,以防范电子票据欺诈风险。

数字票据是在保持现有票据属性、法律规则与市场运作规则不变的情况下,应用区块链技术开发出的一个全新的增强型票据形态。与传统电子票据不同,数字票据是以区块链为技术基础,具有电子票据的基本属性和特点,并运用区块链进行创新而推出的一种票据形式[10]。数字票据与电子票据的类比,可参照数字货币与电子货币的类比:电子货币只是实物货币在互联网中的虚拟化,而数字货币则对货币的流转通过编程的方式进行控制。数字票据的优势在于:数字票据可以实现票据信息的分布式存储和传播,有助于提升票据市场数据信息的安全性和可容错性;数字票据的推出可以不需要借助第三方机构进行交易背书或者担保验证,而只需要信任共同的算法就可以建立互信;数字票据的时间戳可以实现数据信息的不可篡改、不可伪造和可追溯性;数字票据的非对称加密技术可以将价值交换中的摩擦边界降到最低,在实现数据透明的前提下确保交易双方匿名性、保护个人隐私;数字票据的智能合约可以将价值交换活动通过智能编程的方式,对其用途、方向和各种限制条件等做到有效控制,在法律民事合同约束之外,增加了以智能化技术为支撑的信用约束。表 2-1[11] 给出了纸质票据、电子票据和数字票据的区别。

表 2-1　纸质票据、电子票据和数字票据的区别

	纸质票据	电子票据	数字票据
定义及特征	由收款人或存款人(或承兑申请人)签发,由承兑人承兑,并于到期日向收款人支付款项的一种票据	指出票人依托电子商业汇票系统,以数据报文形式制作的,委托付款人在指定日期无条件支付确定的金额给收款人或者持票人的票据	一种基于区块链技术的增强型票据形态。可编程的数字化票据,支持智能化风控及交易结算,是电子票据的有益补充
流通形式	依托票据本身,必须在票据上加盖有效印章后,方能流通	依托于央行 ECDS,一般需要接入银行才能办理票据的各项业务	基于点对点的分布式对等网络,通过联盟链的形式实现票据业务从发起到兑付、报销的全流程

2.1.2　区块链在票据领域的应用现状

提到区块链在票据领域的应用,大家首先想到的可能就是区块链电子发票。但其实,电子发票只是区块链票据的其中一个应用。电子发票属于电子票据中的涉税票据,还有一类非税收入类票据(如财政电子票据),区块链也有所应用。而最能体现区块链价值的杀手级应用,笔者认为是数字票据。下面我们就来了解区块链在这些领域的应用现状,以及区块链能够为票据市场带来的变革。

区块链电子发票方面，2018 年 5 月，国家税务总局深圳市税务局和腾讯公司共同成立“智税创新实验室”，并推出全国首个基于区块链的电子发票解决方案；2018 年 8 月，全国首张区块链电子发票在深圳落地，截至 2019 年 5 月，上链企业已达 1 190 家，开具区块链发票 225 万张，价税合计 18.9 亿元[12]；随后，京东联合中国太平洋保险、大象慧云推出区块链增值税专用发票，进行采购全流程电子化升级；同年 12 月，蚂蚁金服宣布落地全国第一单区块链理赔和“一条龙”区块链电子发票。区块链电子发票对用户而言，实现“交易即开票，开票即报销”，大大缩短开票及报销流程；对于商户而言，可以降低管理成本，避免高峰期排队开票现象的出现；对于企业而言，在区块链上实现发票申领、开具、查验、入账流程，使得入账过程更加简捷可靠；对于税务监管部门而言，可以达到全流程监管的科技创新，实现无纸化智能税务管理，保障发票的真实性，打击偷税漏税行为。

区块链财政电子票据方面，2019 年 6 月，浙江省财政厅联合省大数据局、省卫健委、省医保局，基于蚂蚁区块链技术，正式上线了浙江区块链医疗电子票据平台，截至当年 10 月底已有近 500 家医疗机构累计开票 1.04 亿张，金额 417 亿元，仅台州市医院人工窗口数量就已减少 70%，估计每年可节省近 2 000 万人力成本；2019 年 9 月，云南省财政厅基于蚂蚁区块链技术将区块链电子票据应用于学校收费场景，同时计划在医疗、教育、公益基金、交罚款和停车等多个民生服务场景落地区块链财政电子票据；2019 年 10 月，广东省首批选择了医疗和高校单位作为区块链财政电子票据试点单位，在广州市妇女儿童医疗中心和华南师范大学成功开出了区块链财政票据[6]。2020 年 3 月，北京市财政局也在财政电子票据领域试点应用了区块链技术，首批试点单位包括北京天坛医院、北京市慈善协会、韩红爱心公益基金会，成功开出了区块链医疗收费电子票据和区块链公益事业捐赠电子票据，同年 6 月又在北京工业大学开出教育领域非税收入区块链电子票据[13]。

区块链数字票据方面，2016 年 7 月，央行启动了基于区块链和数字货币的数字票据交易平台原型研发工作，借助数字票据交易平台验证区块链技术；2016 年 9 月，央行票据交易平台筹备组会同数字货币研究所筹备组牵头成立了数字票据交易平台筹备组，启动数字票据交易平台的封闭开发工作；2016 年 12 月，数字票据基于区块链的全生命周期的登记流转和基于数字货币的票款对付（DVP）结算功能已经全部实现，这意味着数字票据交易平台原型系统已开发成功并达到预期目标，标志着数字货币在数字票据场景的应用验证落地。目前已按计划完成了数字票据平台、数字货币系统模拟运行环境的上线部署，并与包括工商银行在内的数家试点银行进行了网络试联通。中国人民银行公开的数字票据交易平台初步方案[14]，提出，目前票据业务主要存在三方面问题：一是票据的真实性，市场中存在假票、克隆票、刑事票等伪造假冒票据；二是划款的即时性，即票据到期后承兑人未及时将相关款项划入持票人账户；三是违规交易，即票据交易主体或者中介机构存在一票多卖、清单交易、过桥销规模、出租账户等违规行为。而区块链可以从四个层面[11]解决这三方面的问题。在数据层面，通过分布式总账的建立，实现数据的分布式记录，并且数据按照时间先后顺序记录，从票据发行即对全网所有业务参与方广播，当检验数字票据信息是否被转让或者篡改时，区块链可以提供无可争议的一致性证明；在治理层面，区块链不需要中心化系统或强信用中介做信息交互和认证，而是通过共识机制解决信任问题，保证每个参与角色都是扁平的、互信的，实现票据价值传递的去中介化，进而消除目前票据市场中介乱象；在操作流程层面，每张数字票据都是运行在区块链上、拥有独立的生命周期、通过智能合约编程的方式来实现的一段业务逻辑代码，从发行到兑付的每个环节都是可视化的，可以有效地保证票据的真实性和可追溯性；在监管合规层面，得益于区块链技术的特性，在必要的条件下，监管机构可以作为独立的节点参与监控数字票据的发行和流通全过程，实现链上审计，提高监管效率，降低监管成本。未来，如果在票据链中引入数字货币,便可实现自动实时的 DVP 区块链技术与票据业务的融合具体如图 2-1 所示。券款对付、监控资金流向等功能;而通过构造托管于智能合约的现金池,还可以创造出实时融资等新的业务场景。

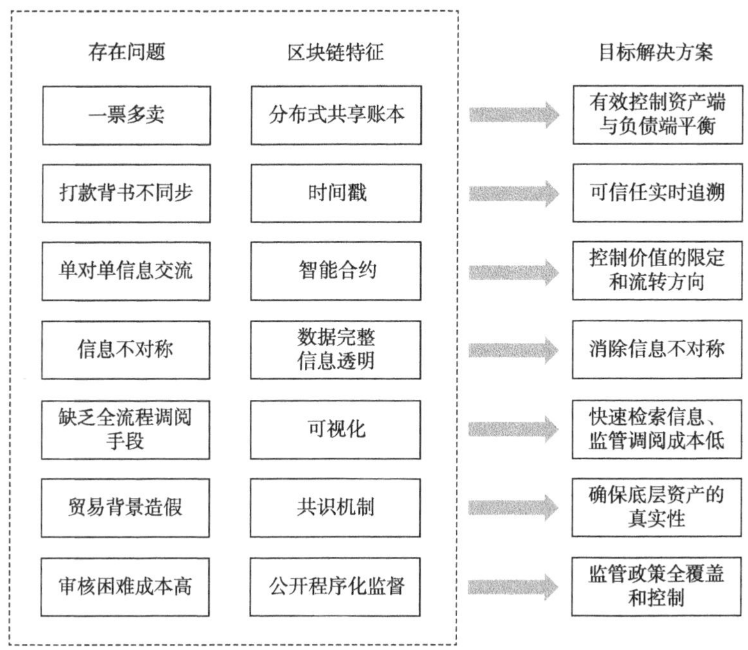

图 2-1 区块链技术与票据业务的融合

2.2 区块链电子发票应用平台

2.2.1 电子发票联盟链

首先,构建电子发票联盟链,节点成员包括开票企业、受票企业、税务部门、第三方电子发票服务商及区块链技术服务商,如图 2-2 所示。其中,开票企业负责在开票时将发票数据同步到区块链;受票企业在链上进行发票查验、完成发票报销;税务部门负责企业注册管理、联盟链节点的授权管理,以及发票上链应用的管控;第三方电子发票服务商协助开票企业将电子发票的数据上链;区块链技术服务商完成基础环境的搭建、联盟链的部署及区块链相关的技术支持与维护。

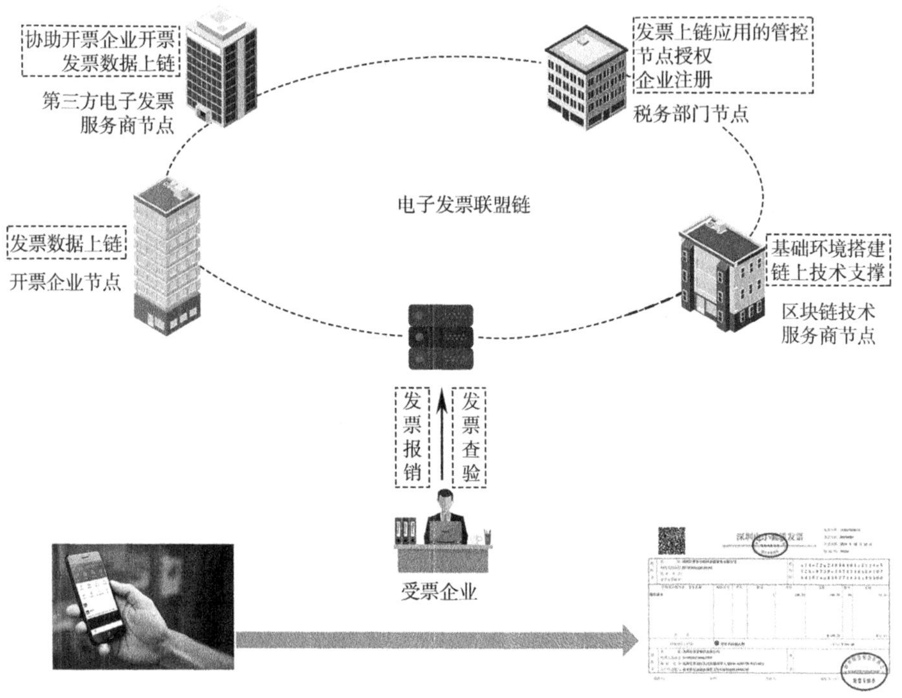

图 2–2　电子发票联盟链

税务部门节点作为管理角色,拥有最高权限,并且可以管理其他节点的权限;第三方电子发票服务商节点需在税务部门的授权下实现相应的职能。第三方电子发票服务商节点以企业税号和税务数字证书公钥作为节点身份标识,税务部门节点以其单位名称或编号和税务数字证书公钥作为节点身份标识。对于任一第三方电子发票服务商节点,除安装国家统一规定的电子发票开票系统以外,另外还装有服务端和客户端,其中服务端部分服务于业务相关方和主管税局的访问,客户端部分处理本地业务。对于电子发票云平台使用方来说,主要通过系统中各类接口链接到第三方电子发票服务商的区块链服务端程序以完成相关业务,如发票开具、存储、报销和查验。电子发票联盟链引入税务部门作为区块链制度上的监管机构,第三方电子发票服务商必须在税务部门的授权下才能加入电子发票联盟链,并由税务部门统一制定区块链的运行标准和合约条件,区块链上的各节点和加入者都必须按照事先制定的交易规则参与和运行。由于电子发票从产生、流转、存储到报销涉及较多政府机关和社会机构,因此要将税务部门作为区块链共识算法制度管理者,授权第三方电子发票服务商作为区块链节点发票产生者,并负责开票企业电子发票业务,如电子发票开具、上传、查询和报销入账等。第三方电子发票服务商通过区块链保证了电子发票数据的真实性和有效性,每个节点都按照事先预定的共识机制完成分布式记账[15]。

2.2.2 总体业务流程

基于区块链的电子发票的主要业务流程包括领票、开票、流转、报销(验收和入账等),如图 2-3 所示,大致分为以下四个步骤[16]。

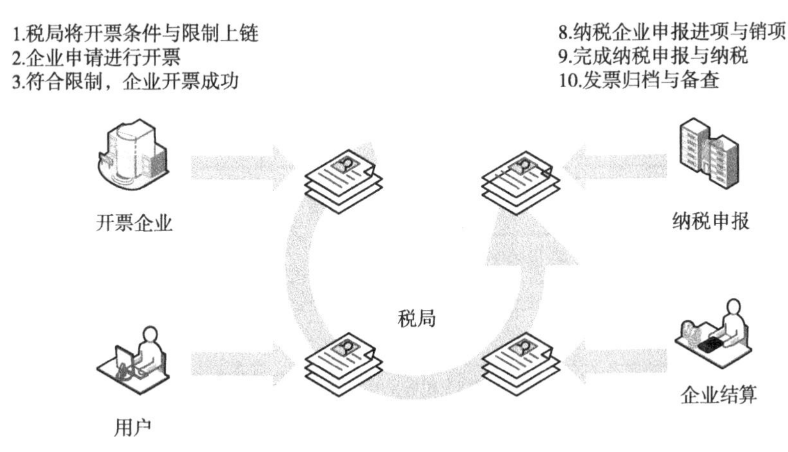
主要流程（领票、开票、流转、报销）
1.税局将开票条件与限制上链
2.企业申请进行开票
3.符合限制，企业开票成功
8.纳税企业申报进项与销项
9.完成纳税申报与纳税
10.发票归档与备查
开票企业
纳税申报
税局
用户
企业结算
4.用户在链上认领发票
5.更新链上用户身份标识
6.ERP系统按用户标识查询待结算发票
7.进行结算入账，并更新链上发票状态

图 2-3　区块链电子发票主要流程

第一步:税务部门在电子发票联盟链上写入开票规则,将开票限制性条件上链,实时核准和管控开票。

第二步:开票企业在链上申请发票,并写入交易订单信息和链上身份标识。

第三步:纳税人在链上认领发票,并更新链上纳税人身份标识。

第四步:收票企业验收发票,锁定链上发票状态,审核入账,更新链上发票状态,最后支付报销款。

区块链电子发票搭建了一整套无纸化全流程应用,做到发票的开具、流转、报销、使用、抵扣、归档均在区块链上电子化完成。开票服务公司提供上链数据、负责链上信息签名背书,并通过智能合约校验开票信息的准确性,以确保链上数据与上传到税务局、传给受票方以及纸质版票据的信息一致性。区块链的电子发票不可篡改,因此可以降低企业财务结算、审核、稽核成本,其加密和数据隔离机制也保障了数据安全。

2.2.3 系统技术架构

基于区块链的电子发票应用平台从架构上分为业务应用平台、电子发票业务平台、区块链基础平台及云基础设施,如图 2-4 所示。

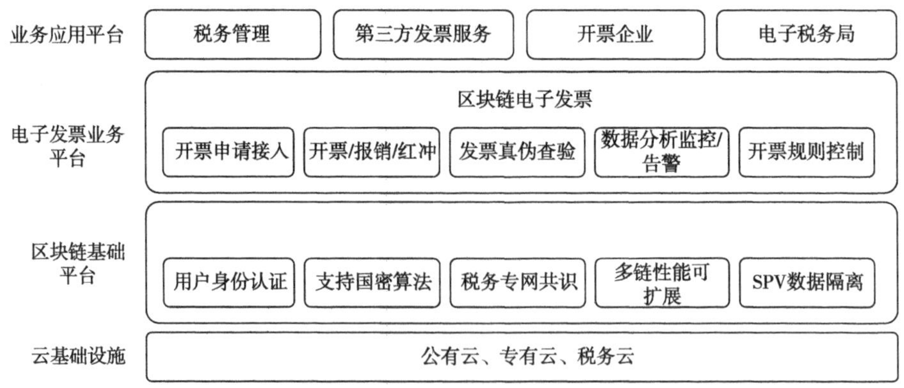

图 2-4 区块链电子发票应用平台架构

其中,云基础设施层包括网络基础设施、虚拟机通用资源池和物理服务器资源池等硬件设施,以及配套的云安全、云监控等云平台服务,可以开放式易插拔地满足上层业务的多样化需求;区块链基础层提供底层区块链的核心服务能力,包括权限管理、哈希运算、数字签名、非对称加密等密码学算法,共识机制、通信协议,智能合约和存储机制,保证链上数据可追溯和不可篡改;电子发票业务层提供关键业务功能,如企业注册申请接入,开票、报销、红冲,发票真伪查验,数据分析监控、告警,开票规则控制等,如图 2-5 所示;业务应用平台层通过数字票据应用服务层提供的开发 SDK 和 API 接口接入第三方服务。

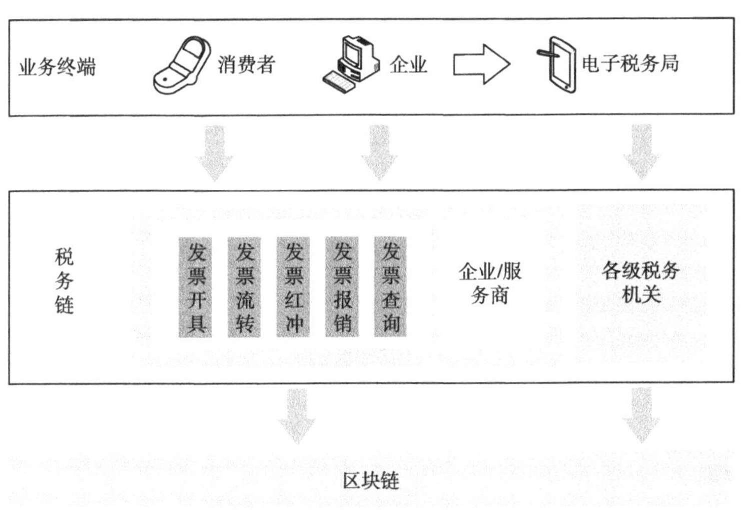

图 2-5　电子发票业务应用平台

2.3　区块链财政电子票据参考架构

2.3.1　区块链财政电子票据系统架构

财政电子票据,是指由财政部门监管的,行政事业单位在依法收取政府非税收入或者从事非营利性活动收取财物时,运用计算机和信息网络技术开具、存储、传输和接收的数字电文形式的凭证。与电子发票不同，财政电子票据一般不涉及税收，因此在业务应用上不包括税务管理，系统对接上也不对接税务局专网。可信区块链推进计划发布的《区块链财政电子票据应用白皮书（2020年）》给出了区块链财政电子票据的参考架构[6]，其组成部分包括区块链电子票据支撑系统、区块链电子票据业务系统和区块链电子票据应用层，如图 2-6 所示。

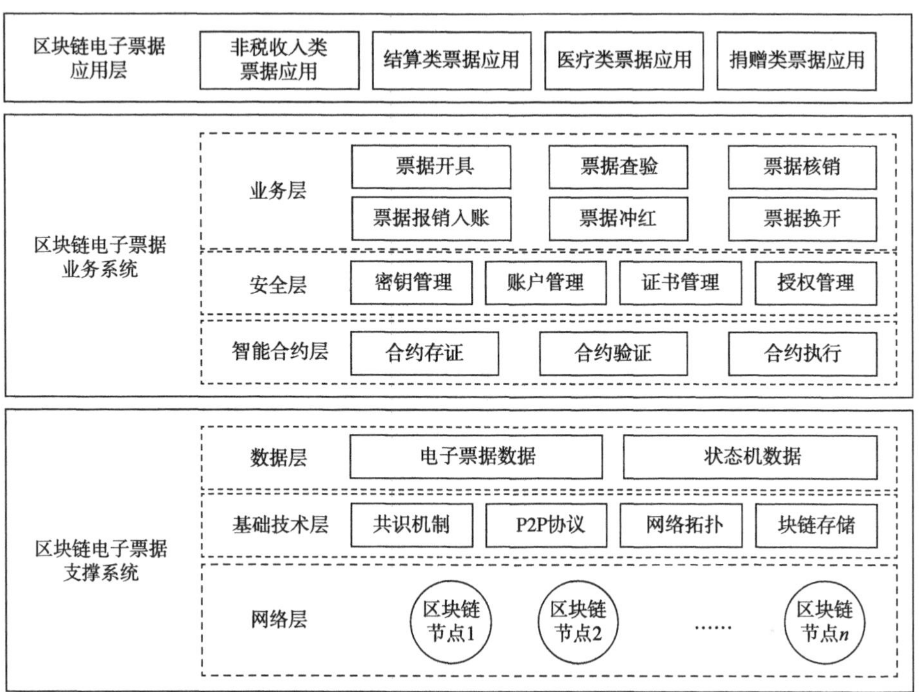

图 2-6　区块链财政电子票据参考架构

其中，区块链电子票据支撑系统包括网络层、基础技术层和数据层，用以实现电子票据的存储、归集、状态机维护等功能；区块链电子票据业务系统分为智能合约层、安全层和业务层，用以实现电子票据的合约执行、安全保护和业务运转；区块链电子票据应用层包括非税收入类票据应用、医疗类票据应用、结算类票据应用和捐赠类票据应用等，应用通过底层支撑技术及服务系统实现。

2.3.2 区块链电子票据支撑系统

区块链电子票据支撑系统由数据层、基础技术层和网络层组成。其中，数据层提供数据存储功能，包括电子票据数据和状态机数据；基础技术层主要用于提供底层区块链技术支持，包括系统正常运行的基础环境和组件，如共识机制、P2P 协议、网络拓扑、块链存储，保证管理能力和数据的不可篡改；网络层由若干个区块链节点组成，每个节点具备一定存储空间，同时支持网络连接，并具备可视化操作终端。区块链节点用于接收和响应电子票据的操作交易，将公示数据发布至区块链电子票据平台进行存证及监听，并与状态机相匹配，对票据状态进行切换。同时，支持向订阅方推送票据状态的通知消息。

2.3.3 区块链电子票据业务系统

区块链电子票据业务系统支撑区块链财政电子票据的主要处理逻辑，由智能合约层、安全层和业务层组成。其中，智能合约层用于实现电子票据业务管理上的智能合约，包括电子票据的合约存证、合约验证、合约执行等功能；安全层用于提供基础的用户账户和证书管理，包括密钥管理、账户管理、证书管理、授权管理等与安全相关的功能；业务层用于实现提供财政电子票据业务的全部逻辑实现，包括电子票据的开具、查验、核销、冲红、报销入账、换开等业务所需的管理功能。

2.3.4 区块链电子票据应用层

区块链电子票据应用层包括不同类型的电子票据的典型应用场景，如非税收入类票据应用、结算类票据应用、医疗类票据应用、捐赠类票据应用等。

2.4 数字票据交易平台初步方案

中国人民银行曾在 2016 年公布了区块链数字票据交易平台的设计思路和

初步方案[14]，本节将对此方案做一个简单介绍。

2.4.1 数字票据交易平台的设计思路

数字票据交易所应该是全国统一的“互联网+数字票据交易”的综合性金融服务平台，涵盖票据业务从发行到兑付的全流程，并与纸票电子化、ECDS（Electronic Commercial Draft System，电子商业汇票系统）电票票据交易共同构成统一票据市场，成为货币市场的重要组成部分。数字票据交易所将成为国内票据领域的业务交易中心、支付清算中心、风险防控中心、数据采集中心、研究评级中心等。与传统的基于中心服务器的电子交易服务平台设计思路不同，基于区块链的数字票据交易所服务平台的设计思路主要包含四个方面：第一，票据交易平台采取相对平权的联盟链。票据交易所、银行、保险、基金等金融机构可以联合组网，各家处于相对平权（相比传统中心化的模式）的位置。第二，设立一个身份管理机构，负责参与方身份识别，设定数字票据交易平台的参与方门槛，解决传统交易平台上中介横行的困境。第三，使用区块链承载数字票据的完整生命周期，并采用智能合约优化票据交易与结算流程，提高交易效率，进而创造出更多全新的业务场景。第四，利用区块链大数据与智能合约，实现票据交易的事中监管，降低监管成本。

一个完整的区块链服务平台应该包括底层交易账本组件、公共服务组件、业务层智能合约组件和外部接口组件这四个设计层次。其中，底层交易账本组件将对交易类型、协议规范（交易协议）、共识协议、文件库（格式化/非格式化文件）、合约解释（文本说明）、节点授权（权限说明）进行统一设计与管理；公共服务组件将对会员机构、账户、票据属性、交易方式等进行统一设计与管理；业务层智能合约组件将对票据发行（数字化、上链）、市场交易（挂牌、上下架、撮合等市场手段）、清结算、风控等关键要素做整体设计；最上层的外部接口组件将提供身份管理业务的API（应用程序编程接口）、区块链票据管理平台API、票据钱包 SDK(软件开发工具包)、区块查询 SDK 等。

借助区块链构建数字票据本质上是替代现有电子票据的构建方式,实现价值的点对点传递。若在区块链构建的数字票据中,依旧采用线下实物货币资金方式清算,那么其基于区块链能够产生的优势将大幅缩水;如果在联盟链中使用数字货币,其可编程性本身对数字票据就有可替代性,可以把数字票据看作有承兑行、出票人、到期日、金额等要素的数字货币。因此,针对是否引入数字货币在链上进行直接清算,中国人民银行设计了两种实施方案。

2.4.2 数字票据交易平台链外清算方案

以转贴现交易为例,链外结算模式下数字票据的交易流程包括四个步骤。

第一步:商业银行 A 就所持有的数字票据 SDD-1 发起转贴现交易申请,改写 SDD-1 智能合约中的交易状态为转贴现待交易,并写入转贴现的种类及期望的转贴现利率;此后,商业银行 A 不能再对该票做其他操作(此步骤发生在链上)。

第二步:商业银行 B 在链上发现符合它期望的转贴现待交易状态的数字票据 SDD-1(此步骤发生在链上)。

第三步:商业银行 B 向数字票据交易所发起转贴现签收交易。数字票据交易所扣除商业银行 B 在交易所开立的保证金账户上的本次交易金额(转贴现金额扣除利息);将转贴现金额扣除利息和手续费后划入商业银行 A 在交易所开立的保证金账户;手续费部分划入交易所自身账户(此步骤发生在链下)。

第四步:数字票据交易所完成并关闭数字票据 SDD-1 的转贴现签收交易,票据持有人被让渡给商业银行 B(此步骤发生在链上)。

通过以上交易流程的分析可以发现,因为支付结算仍然采用基于现有保证金账户体系的模式,其结算在链下异步完成,所以无法真正做到 DVP(Delivery Versus Payment 券款对付)券款对付。在整个交易结算过程中,数字票据交易平台充当的是信任中介的角色。

2.4.3 数字票据交易平台链上直接清算方案

为了实现资金流和信息流的合二为一,简化交易流程,达到 DVP 券款对付的目的,中国人民银行还设计了链上直接清算的方案:引入央行数字货币,发挥数字货币的支付结算功能。具体做法是:在数字票据的联盟链中,设置一个央行的数字货币发行节点,由该节点负责数字货币的发行和兑付;借鉴现行电子票据模式中线上清算与备付金账户相挂钩的方式,实现数字票据的网络节点与存有实物货币账户绑定的方式,通过这个发行节点 1∶1 兑换成央行数字货币,在区块链中流通;银行等业务参与方在本系统中除了持有票据等,还会持有一定量的央行数字货币;在交易中,参与方是通过向交易对手方发送央行数字货币的方式来完成支付操作的。

仍然以转贴现交易为例进行典型交易分析,此时交易的全部过程均在区块链上完成,不涉及任何的链下步骤。

第一步:商业银行 A 就所持有的数字票据 SDD-1 发起转贴现交易申请,改写 SDD-1 智能合约中的交易状态为转贴现待交易,并写入转贴现的种类及期望的转贴现利率(和上一个方案的差异在于,这张票据无须被冻结,也无须向第三方让渡智能合约的控制权)。

第二步:商业银行 B 在链上发现符合它期望的转贴现待交易状态的数字票据 SDD-1。

第三步:商业银行 B 向数字票据 SDD-1 发起转贴现签收交易,并直接向该数字票据 SDD-1 的智能合约地址发送足额的央行数字货币;数字票据 SDD-1 的智能合约收到央行数字货币后,会把央行数字货币转账给商业银行 A;与此同时,该数字票据 SDD-1 会把自己的当前控制人(持有人)由商业银行 A 改为商业银行 B。交易至此完成,交易的原则性和完整性由央行数字货币区块链保证。

央行数字货币的引入大幅简化了票据交易流程。对于简单交易来说,交易双方可以点对点直接交易,无须第三方的信用担保,不用担心交割问题,没有交易对手方的风险。缺点则是,因为交易中是全额清算,对参与方的资金占用较多,需要一定的措施来提高资金利用效率。具体方案实施可以考虑设计银行间拆借资金池进行资金使用权的市场化调节。

2.5 本章总结

本章以电子票据和数字票据为出发点,探讨了区块链在票据领域的应用。首先比较了传统纸质票据、电子票据和数字票据的特征和区别,分析了区块链票据的优势,并阐述了我国区块链电子发票、区块链财政电子票据及区块链数字票据的应用发展情况。然后,分别探讨了区块链电子发票应用平台、区块链财政电子票据的参考架构及数字票据交易平台的初步方案。从中国人民银行的电子商业汇票系统落地应用,到央行数字票据交易平台试运行,我国对电子票据和数字票据的推广和普及势在必行。然而,运用区块链改造我国票据市场也存在一些制约因素。其一,区块链目前的性能瓶颈限制了其在票据市场的大规模应用,更可行的还是以联盟链的形式应用在某个区域内的某种票据上;其二,传统的票据交易系统都设计了标准化的开发接口,数字票据市场的多个参与者运用区块链技术进行交易系统对接的改造难度较大;其三,发行数字票据的目的是通过替代现有的纸质票据和电子票据,数字票据需要以数字货币为载体才能实现高效清算和价值的点对点传递。在我国数字货币还没有普及的情况下,如何在资金清算过程中实现数字票据与传统货币的实时有效对接成为一项亟须研究和解决的问题。因此,在数字票据的建设初期,可以按照“先试点后推广、由点及面、逐步实施”的原则[10],鼓励国内具备条件的金融机构和企业率先开展数字票据产品和服务创新的内部试验,积累成功经验后再向全国逐步推广。在过渡阶段,可以让纸质票据、电子票据和数字票据共存,通过技术手段将纸质票据和电子票据逐渐转化为数字票据,不断提升数字票据的市场占比,推动数字票据市场的形成。

本章参考文献

[1]冯银东,高悦凡. 我国电子票据法律制度的缺陷及完善[J]. 中共南宁市委党校学报,2019(6).

[2]董少广. 银行推广电子商业汇票的优势、难点及对策[J]. 金融会计,2018(7):36-40.

[3]肖小和,汪办兴. 中国电子商业汇票发展的现状、问题与对策[J]. 金融论坛,2011,16(5):48-53.

[4]祁群. 中国货币市场的发展与创新[M]. 法律出版社,2012.

[5]范蠡. 电子票据在票据法中的适用性分析[J]. 法制与社会,2020(31):48-49.

[6]可信区块链推进计划. 区块链财政电子票据应用白皮书(2020 年)[R]. 2020-12.

[7]北京市财政局. 北京:聚焦民生 聚力发展财政电子票据管理改革取得新成效[J]. 中国财政,2020(23):14-16.

[8]陈红. 电子票据法律规则研究[D]. 吉林大学,2014.

[9]李爱君. 区块链票据的本质、法律性质与特征[J]. 东方法学,2019(3):66-73.

[10]任安军. 运用区块链改造我国票据市场的思考[J]. 南方金融,2016(3):39-42.

[11]王琳,陈龙强,高歌. 增强型票据新形态:区块链数字票据——以京东

金融数字票据研究为例[J]. 当代金融家,2016(12):116-119.

[12]李荣辉. 区块链电子发票的实践之路[J]. 中国税务,2019(6):62-63.

[13]张磊磊. 北京财政用上区块链电子票据[J]. 金融科技时代,2020,28(4):95-95.

[14]徐忠,姚前. 数字票据交易平台初步方案[J]. 中国金融,2016(17):31-33.

[15]李哲. 基于区块链的电子发票云平台构建研究[D]. 中国财政科学研究院,2018.

[16]腾讯研究院. 2019 腾讯区块链白皮书[EB/OL]. https://www.sohu.com/a/351486218_468661,2019.

思考题

1. 与传统的纸质票据相比,电子票据具备哪些优势?我国在推进电子票据方面有哪些举措?

2. 区块链的哪些技术特征可以解决票据业务中的哪些痛点问题,怎么解决?

3. 结合区块链在票据领域的应用现状,你认为使用区块链改造我国票据市场面临哪些困难?

4. 你认为区块链在票据的哪些领域应用更有前途,电子发票、财政电子票据还是数字票据?

5. 分析金融机构、企业、第三方机构和政府部门在数字票据交易平台应用中所扮演的角色。

6. 比较数字票据平台的链外清算方案和链上直接清算方案,你认为哪种方案更好?

Part Ⅱ　智慧能源

3 基于区块链的绿电溯源机制

学习要点和要求

1. 区块链在绿色电力领域的发展现状(了解)
2. 绿电溯源的业务流程(掌握)
3. 基于区块链的绿电溯源机制的总体架构设计(了解)
4. 基于区块链的绿电溯源机制的技术架构(了解)
5. 基于区块链的绿电溯源机制的数据架构(了解)
6. 绿电数据的上链和溯源流程(考点)
7. 绿电数据上链存储的步骤(掌握)
8. 基于区块链的绿电溯源机制的功能模块(考点)
9. 100%使用绿电的证明方法(考点)

3.1 背景与现状

3.1.1 背景

气候变化是人类面临的全球性问题。随着各国二氧化碳排放,温室气体猛增,对全球的生态系统形成威胁。在这一背景下,世界各国以全球协约的方式减排温室气体,我国也提出碳达峰和碳中和的“双碳”目标。中共中央总书记、国家主席、中央军委主席、中央财经委员会主任习近平于2021年3月15日下午主持召开中央财经委员会第九次会议,强调在2030年前实现碳达峰,在2060年前实现碳中和。其中,碳达峰是指我国承诺2030年前,二氧化碳的排放不再增长,达到峰值之后逐步降低;碳中和是指企业、团体或个人测算在一定时间内直接或间接产生的温室气体排放总量,然后通过植树造林、节能减排等形式,抵消自身产生的二氧化碳排放量,实现二氧化碳“零排放”。

2020 年 6 月 15 日,国家电网有限公司在京举办“数字新基建”重点建设任务发布会暨云签约仪式,发布了“数字新基建”十大重点建设任务。在能源区块链应用建设任务中,2020 年内建成“一主两侧”国网链,探索 12 类试点应用;建成能源区块链公共服务平台,提升能源上下游各市场主体互信能力。2020 年 7 月 30 日,国家能源局综合司发布《关于加快能源领域新型标准体系建设的指导意见(征求意见稿)》公开征求意见的公告,指出在新能源和电力与电工装备新技术领域,以及互联网、大数据、人工智能、区块链等数字技术与能源融合发展领域,积极推动团体标准扩量提质。这些举措都体现了我国利用区块链等新技术推进智慧能源建设的决心。

为支撑未来中国绿色经济体系,实现能源资源更优化配置,必须建设以绿色电力为特征的现代电力系统。绿电作为一种可再生的清洁能源,包含通过太阳能、风能、生物能、水能、地热能等所产生的电力能源,可以帮助我们以更快的速度来实现“双碳”目标,能够为全球环境事业做出巨大贡献。由于电具有特殊性,不同于普通物品,在汇入电网进行输送的过程中无法进行追踪定位,供电系统也无法标识当前供给的电能是否为绿电。对于绿电终端用户而言,不同类型的电力在使用上、物理属性上没有任何区别,所以,无法直接通过电力物理性质或电力输电线路来证明绿电用户所用的电力为绿电。然而,这个问题可以通过区块链来解决,本章节将介绍基于区块链的绿电溯源机制。

区块链具有不可篡改、可追溯、集体维护、公开透明等特点,可以对绿电全业务流程进行可信溯源,证明所使用的电能是绿电。区块链与绿电溯源的匹配度分析具体如下:

第一,绿电溯源安全可靠。将包含发电、输电、配电、交易、用电、结算环节在内的整个绿电链条中各节点关键信息上链存证,确保所展示绿电数据的有效性和不可抵赖性,保证绿电溯源数据的真实可信。同时,将绿电溯源数据多点备份,实现历史绿电溯源数据有效存证,防止数据丢失,且无法篡改。

第二,绿电溯源透明度高。区块链技术允许多点查询绿电溯源数据,数据透明度高,同时可以规避数据传递风险。基于区块链的时间戳、密码学散列算法以及多方共同维护等技术实现区块链链上数据不可篡改,从而提供可信的绿电溯源信息追溯功能,提高绿电溯源信息的可信性和透明度。

第三,绿电溯源真实可信。对电网公司、交易中心、发电企业等主体来说,来自电网的各业务系统的数据都是真实可信并且准确的,但却难以确保民众对展示数据的绝对信任。区块链从技术层面上保证了数据的真实可信,展示数据是通过区块链进行背书,且不可篡改的。

第四,绿电证明自动化程度高。由于电力的特殊属性,我们无法从供给侧和使用侧来证明使用的是否是绿电,但我们从“交易—消纳”侧出发,提出绿电用户100%绿电证明机制,利用智能合约技术的自动化执行特性来间接证明绿电用户所用电力均为绿电。

3.1.2 国内外发展现状

3.1.2.1 国外研究现状

近年来,国外已有一些将区块链应用在绿色电力领域的案例。2016年9月,能源公司Innogy和Oxygen Initiative联合推出了区块链EV充电平台Share&Charge。它利用以太坊网络和智能合约实现了用户与充电桩运营商之间的交易结算,这显著降低了能源公司的运营成本,提高了对清洁能源的有效利用率[1]。2016年11月,Greeneum network智慧能源投资平台开始进入内部平台测试阶段,于2017年在欧洲、塞浦路斯、以色列等地展开了试点项目,其结合了区块链与人工智能技术,集成了绿电认证功能和碳证核发功能。区块链的不可篡改性使得绿色电力能够更加方便地证明自己的来源,利用以太坊和智能合约技术实现高效的电力交易并减少碳排放[2]。2017 年 9 月，WePower UAB 开始研发 WePower 平台，该平台是一个基于区块链的绿色能源金融和交易平台，通过利用基于以太坊的智能能源合约，将可再生能源通证化，并置入区块链中，从而实现能源商品的交易便利化，可使人人都参与绿色能源的买卖[3]。2018 年 12 月，西班牙 Acciona SA(BME：ANA)旗下可再生能源部门 Acciona Energia 推出了一种基于区块链的新工具，它能让客户追踪到其全球所发电力的可再生性质。该公司的客户将能够从任何地方，在完全安全和隐私的情况下，实时查看提供给他们的清洁电力的来源。在早期阶段，它允许 Acciona 的葡萄牙客户从西班牙的五个风力和水力设施追踪可再生能源发电，还可以通过区块链跟踪西班牙纳瓦拉的风能和太阳能电池存储能力[4]。

此外，国外基于区块链在绿色电力领域应用也有一些学术研究。Sandi Rahmadika 等[5]讨论了一种基于区块链技术的分布式能源交易系统的架构模型，它允许邻居之间通过智能电网进行能源交易，形成更透明的能源交易场景，满足交易主体的多种选择。然而，区块链中的点对点网络结构很容易受到攻击，甚至攻击者可以操纵网络，发布数百笔虚假交易，并获得不合理收入。Mihail Mihaylov 等[6]提出了一种分散的基于区块链的替代方案 NRGcoin，它能促进电网的供需平衡，降低终端消费者使用绿色能源的成本，从而抵消对灰色能源的需求，也可以与负荷转移和存储功能相结合，为 DSO(配电系统运营商)、零售商和消费者提供更多便利。初步结果表明，零售商和 DSOs 可受益于高峰时期灰色能源需求减少(降幅为 50%)，消费者可受益于较低的绿色能源价格。因此，NRGcoin 激励了当地能源的生产和消费，并有效地促进了当地可再生能源经济的发展。Hongkai Wang 等[7]提出了一种基于时间戳的主侧链系统的快速绿色跟踪技术。该系统被设计为包含跨链交易、隐私保护、索引快速跟踪等的主侧链系统，且为更好和灵活地进行信息管理，建立了主侧链框架，并提出了一种通用的跨链传输协议，以实现不同链之间可信的跨链交易。实验结果表明，基于区块链索引的跟踪更适用于大量数据的场景，但实验中的大小并不能完全模拟实际的应用场景，因此，还需要做更多的研究来测试模拟实际应用场景中的性能。

3.1.2.2 国内研究现状

近年来，国内有一些将区块链应用在绿色电力领域的案例。2016 年初，中国能源区块链实验室（能链科技）推出绿色 ABS（资产证券化）云平台，基于联盟链登记电站发电机组、发电瓦数等基本情况，使电力资产生产过程清晰可见，回报收益可预测，在提供生产监测的同时保证信息披露透明及时，为电站解决了融资困境，为监管机构打造了穿透式管理模式，同时降低了投资风险。能链科技与深圳排放权交易所合作共同搭建的“碳链”于 2016 年 12 月底落地应用，该项目建立了基于区块链的绿色碳减排资产（如国家核证自愿减排量 CCER）资产数字化交易平台，以增加企业参与度、激励企业节能减排、巩固环境保护成果[8]。2018 年 2 月，招商局慈善基金会与德国技术监督协会、熊猫绿色能源集团以及华为技术有限公司在深圳蛇口地区合作开展能源区块链项目，以响应国家将区块链作为核心技术推动货币金融、医疗服务、能源互联网等领域发展的战略目标。该项目鼓励蛇口地区的用户参与可再生能源的分布式交易，当用户选择购买清洁电力时，可以获得电子证书，以证明其使用的是绿色能源[1]。2021 年 9 月，国家发展和改革委员会、国家能源局正式复函国家电网公司、南方电网公司，推动开展绿色电力交易试点工作。绿色电力交易试点工作在国家发改委、国家能源局指导下，将由国家电网公司、南方电网公司组织北京电力交易中心、广州电力交易中心具体开展，编制绿色电力交易实施细则，进一步完善技术平台功能，组织开展市场主体注册，且绿色电力交易试点初期拟选取绿色电力消费意愿较强的地区[9]。

此外，国内区块链在绿色电力领域也有一些学术性的研究。张元星等[10]主要设计了基于区块链技术的绿证生成及交易体系架构，并研发了基于车联网平台的绿证生成及交易软件，通过用户管理、GIS 系统（地理信息系统）、能源路由监控、绿证信息管理、市场行情总览、绿证交易、绿证生成、成交结果统计、绿证充值、交易组织、交易结算以及结算统计等功能，实现了绿色证书的生成与交易。蔡元纪等[11]提出了绿证的双边交易机制，并设计了绿证流通全生命周期模型，弥补了绿证流通机制设计层面的空缺；同时，为解决绿证交易数据库的一致性和安全性难题，开发了基于区块链的绿证交易平台，实现了多主体异步管理数据账本的功能。依托珠海“互联网+”智慧能源示范项目开展的实地验证，目前基于区块链的绿证交易平台已在珠海模拟运行超过 1 年时间，共有 10 余家新能源发电企业和 30 余家电力用户注册参与，共完成了模拟交易 100 余笔，组织模拟集中考核 2 次，验证了系统的实用性和完备性。张圣楠等[12]提出了区块链在市场主体身份认证、可再生能源凭证核发以及凭证链上交易等环节的应用模式，构建了基于区块链的超额消纳凭证交易平台。将智能合约拆解为较简单的原子合约，能够提升合约处理速度，降低开发工作量。同时，采用大票交易方法，即利用智能合约，将相同生产地、消纳地、电量类型的消纳量整合颁发一个区块链凭证，凭证中记录该类电量的编号前缀和数量信息，以实现优化凭证系统性能的目标。在实验室环境下测试证明了系统的抗压能力和性能优化方法的可行性，这为平台正式上线提供了有力支持，有助于进一步打通用户侧绿色电力的获取渠道。

3.2 基于区块链的绿电溯源方案设计

3.2.1 业务流程

为解决电力系统绿电追溯问题，我们需要对绿电全业务流程进行溯源管理。

首先,我们需梳理当前可再生能源发电、输电、配电、交易、用电、结算等绿电全业务流程体系。

3.2.1.1 绿电发电

绿电发电是利用发电动力装置将太阳能、风能、生物能、水能、地热能等转换为电能的过程。以太阳能发电中的光伏发电为例,光伏发电是根据光生伏特效应原理,利用太阳电池将太阳光能直接转换为电能。太阳能光伏发电分为独立光伏发电、并网光伏发电、分布式光伏发电。独立光伏发电系统也叫离网光伏发电系统,是相对于并网发电系统而言的,属于孤立的发电系统。并网光伏发电系统主要是太阳能组件产生的直流电经过并网逆变器转换成符合市电电网要求的交流电之后直接接入公共电网。分布式光伏发电系统,又称分散式发电或分布式供能,是指在用户现场或靠近用电现场配置较小的光伏发电供电系统,以满足特定用户的需求,支持现存配电网的经济运行。太阳能光伏发电系统由太阳能电池组、太阳能控制器、蓄电池(组)组成,如输出电源为交流 220V 或 110V,还需要配置逆变器。

3.2.1.2 绿电输配电

输配电的概念包括三个方面,即输电、变电、配电。其中,输电是用变压器将发电机发出的电能升压后,再经断路器等控制设备接入输电线路来实现,通过输电可以把可再生能源发电企业和绿电用户联系起来,使绿电的开发和利用超越地域的限制;变电是指利用一定的设备将电压由低等级转变为高等级或由高等级转变为低等级的过程;配电则是在消费绿电地区内将绿电分配至绿电用户的手段,直接为绿电用户服务。

3.2.1.3 绿电交易

绿电用户根据实际用电情况,对接下来一年内的用电量按月进行预估,并提交电网公司,然后,电网公司代理绿电用户与可再生能源发电企业在电力交易中心签订购售电合同,由可再生能源发电企业参与绿电供电,且可以通过双边协商和挂牌摘牌的方式达成交易。电网公司在与可再生能源发电企业签订购售电合同时,将在绿电用户预估电量的基础上予以上浮,保证所购电量能够满足绿电用户的用电需求。若因天气等突发因素而导致用电量激增,预计年度所购电量将无法满足绿电用户的实际用电量时,电网公司将在电力交易中心与可再生能源发电企业补签购售电合同,保证绿电用户所购电量大于用电量。

3.2.1.4 绿电用电

绿电用户全部采用绿电,目前常用的绿电类型主要是基于光伏发电和风力发电所产生的电能,由电网公司进行供电,未来会推动更多主体广泛使用绿色电力,服务城市和区域的高质量发展,为世界创造更加美好的环境。绿电用户主要是指有购买绿色电力偏好的用户,包括居民、工业用户等。绿电用户购买绿电不仅可以满足可再生能源配额制的政策要求,也可以获取绿电红利。

3.2.1.5 绿电结算

绿电可以从用电侧和发电侧来进行结算。

(1)用电侧

首先,电力交易中心根据绿电用户每月实际抄表电量,进行电量分割以及电价的清分,发布结算结果。其次,经电网公司、绿电用户确认后,电网公司财务部接收电力交易中心传递的结算结果,准备电费的清算。最后,电网公司营销部接收电力交易中心传递的结算信息并进行计算,最终进行电费的发行。

(2)发电侧

电力交易中心以可再生能源发电企业的购售电合同电量(一家发电厂可能签署多个电力交易合同)为依据出具电费结算凭证,即以可再生能源发电企业在电力交易中心与电网公司达成的交易合同电量为结算依据,电力交易中心将电费结算凭证发送至电网公司和可再生能源发电企业等市场主体进行确认,确认完成后,电网公司与可再生能源发电企业进行结算。若可再生能源发电企业本月的合同总电量与实际总上网电量有偏差,则采用滚动结算形式,即如果可再生能源发电企业本月总上网电量大于总合同电量,则在下月结算时加上本月多余的上网电量;如果可再生能源发电企业本月总上网电量小于总合同电量,则在下月结算时减去本月不足的上网电量。

3.2.2 总体架构

基于区块链技术的绿电溯源系统是以绿电发电、输配电、交易、用电、结算等业务流程为基础理论,对绿电发电、输配电、交易、用电、结算等信息进行溯源,以可视化展示模块作为系统前端展示界面,且可视化模块将绿电全业务流程信息及区块链元素进行展示,保证展示画面的优美性、协调性。应用区块链技术可以保证上链的链式数据不可篡改且实现全程追溯,因此,我们可以更好地保证绿电溯源系统中所记录与可视化展示的绿电数据的一致性和真实性,向大家证明我们使用的电力是可再生的清洁能源,满足国家对使用可再生能源的政策要求。

基于区块链的绿电溯源机制是在从外部系统集成获取业务数据之后,再对数据进行清洗和统计分析,最后在可视化界面通过图形、实时数据的方式进行结果的输出,其总体架构从下至上包括基础层、平台层、数据层、服务层和展示层,同时,还提供内部集成和跨链交互功能(如图 3-1 所示)。其中,基础层主要提供包含计算资源、网络资源和存储资源在内的基础设施,且以区块链和微服务等先进技术为基础;平台层包含接口调用和成员接入服务等上链服务、对数据的集成、抽取和质量管理等数据交换服务以及数字孪生平台;数据层包含数据的建模、清洗和数据资产的形成以及关系分析等;服务层主要提供绿电存证服务、绿电溯源服务、数据分析服务、数据开发服务、绿电数据接口等;展示层主要提供需要展示的数据,包括绿电输送展示、双碳展示、用电负荷、绿电交易展示、绿电红利、零碳感知、绿电环保效益、区块链元素展示、绿电结构展示、发电厂发电上网功率等。

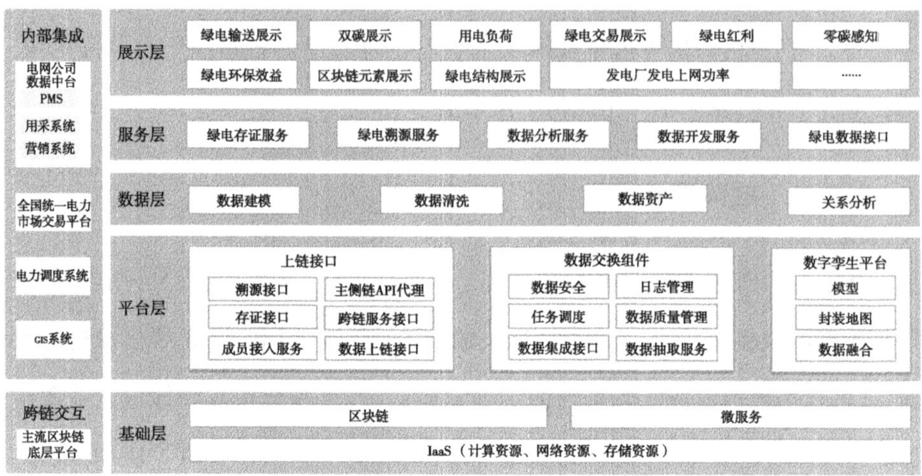

图 3-1　基于区块链的绿电溯源系统总体架构

3.2.3　技术架构

基于区块链的绿电溯源机制整体上采用了微服务的技术架构，对接电网公司统一应用平台提供的服务注册中心、服务配置中心以及网关等基础套件，整体技术架构从下至上包括资源层、服务层、接口层、展示层（如图 3-2 所示）。其

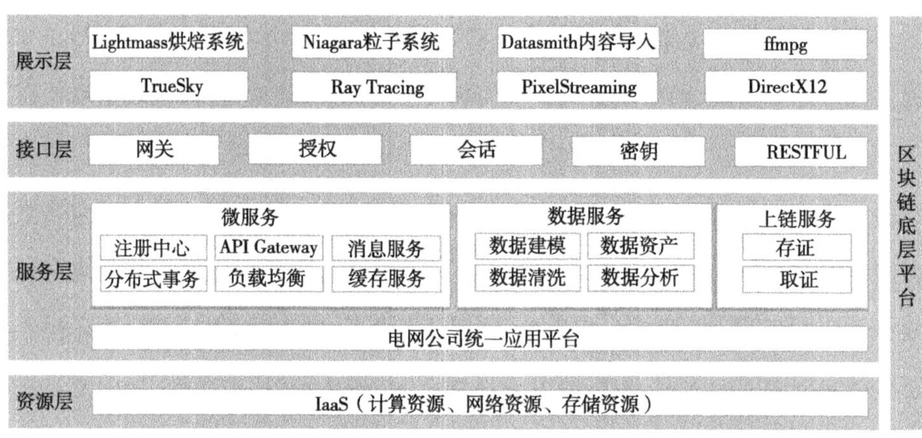

图 3-2　基于区块链的绿电溯源系统技术架构

中,资源层主要提供计算资源、网络资源和存储资源等基础设施;服务层主要对接电网公司统一应用平台,以微服务为基础,结合数据服务来对绿电溯源数据进行清洗、建模、分析,且通过触发式上链服务来实现绿电数据上链存储;接口层是主体对展示层及其他业务提供的服务接口,具体包括网关服务、授权、会话、密钥和通用服务接口;展示层主要使用3D实时渲染可视化引擎,进行绿电可视化展示。

3.2.4 数据架构

基于区块链的绿电溯源机制主要通过电力调度系统、电力交易平台、营销业务系统等对发电厂发电量、绿电输变电信息、用户用电信息等进行采集,然后对主网架构、绿电结构、绿电发电量、绿电用电量和环境效益等进行数据分析,最后对发电厂发电量、主网架构、用电量、环境效益、交易电量和区块链元素等进行可视化界面展示。数据架构从下至上包括数据采集层、数据服务层、数据分析层和数据展示层(如图3-3所示)。其中,数据采集层主要负责采集发电厂发电量、绿电输变电、用户用电量等数据;数据服务层主要包括电力调度系统、电力交易平台和营销业务系统等;数据分析层主要对主网架构、绿电结构、绿电

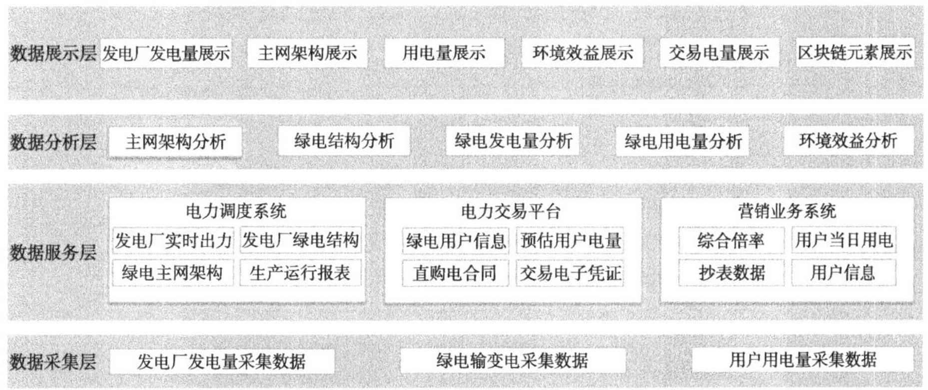

图3-3 基于区块链的绿电溯源系统数据架构

发电量、绿电用电量和环境效益等进行分析；数据展示层主要对发电厂发电量、主网架构、用电量、环境效益、交易电量、区块链元素等进行展示。

3.2.5 绿电数据上链和溯源流程

由于电力自身的特殊性，我们无法证明电网所供电力是否是清洁能源，同样也无法证明用户使用的电力是否是可再生能源。为解决电力系统绿电追溯问题，首先需要将发电、输电、配电、交易、用电、结算等绿电全业务流程关键信息及相关的交易凭证进行上链存储，然后才能通过区块链绿电溯源系统对绿电数据进行溯源（如图 3-4 所示）。本部分侧重于绿电发电、输电、配电、交易、用电、结算等绿电全业务流程关键信息及相关的交易凭证的上链存储，且不管是结构化绿电数据还是非结构化绿电数据，上链存储均通过绿电数据采集、绿电数据传输、绿电数据上链和绿电数据存证等四个步骤来进行。其中，绿电数据

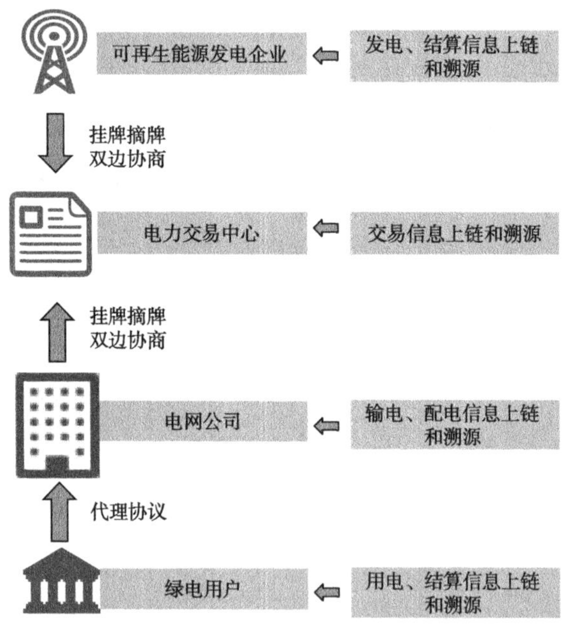

图 3-4 绿电上链和溯源流程

采集是指从各业务系统中采集绿电数据;绿电数据传输是指将从各业务系统获取的绿电数据上传到区块链数据库的过程,且通过接口形式集成业务系统,实现绿电数据从业务系统到绿电溯源系统的数据传输;绿电数据上链是通过接口层与区块链数据层相连接来实现绿电数据上链,且数据库接口主要采用原业务系统数据库业务表作为载体,按照预先定义的库、表结构定义和权限配置,以数据直连的方式从业务系统抽取业务数据,实现各种数据的上链;绿电数据存证是指绿电业务数据以哈希值的形式存储在区块链中。

3.2.5.1 绿电发电信息上链和溯源

基于区块链的绿电溯源机制通过对来自电力交易中心的绿电用户与可再生能源发电企业交易凭证的分析,得到参与绿电交易的可再生能源发电企业名单。对接电力调度系统获取参与绿电供电的可再生能源发电企业实时出力、发电量数据、上网电量数据,数据实时上链,且对以上数据进行统计,可得到参与绿电交易的可再生能源发电企业累计发电总量数据、某一时间段内发电量数据、可再生能源发电企业累计上网电量数据、某一时间段内上网电量数据、参与绿电交易的可再生能源发电企业总实时出力,实现对绿电"源"端的溯源。另外,对接电力调度系统和 GIS 系统还可以获取绿电发电厂的 ID、名称、经纬度、发电类型(风力、光伏等)、实时出力、地理位置、装机量、实时发电量及上网电量、保障性收购电量等信息,对绿电数据实时上链,且进行可信溯源。

3.2.5.2 绿电输电、配电信息上链和溯源

电网公司通过多个调节端换流站、变电站等坚强的电网基础设施把随机波动的风电、光伏发电转换为稳定输出的绿电,有效保证了可再生能源发电企业通过电网能够持续稳定且高效地向绿电用户输送绿电。由于绿电无法自证其电力性质,且电网公司也无法证明其所输送、配送的电力是否是绿电,因此,通过对接电力调度系统与 GIS 系统,获取参与了绿电输电、变电、配电的换流站和变电站的 ID(身份标识)、名称、地理位置与类型等信息,构建绿电主网架构图、

配网架构图,展示我们为绿电输送构建的坚强且智能的输电网络,同时结合区块链技术,将以上关键信息进行上链,实现绿电“网”端信息的溯源。

3.2.5.3 绿电交易信息上链和溯源

绿电用户根据自身实际用电情况对接下来一年内的用电量按月进行预估,并提交电网公司,然后由电网公司和可再生能源发电企业按照双边协商或挂牌交易的方式进行绿电交易。其中,双边协商交易由出让方和受让方自主协商交易电量、价格等,签订双边协议,提交电力交易中心,并通过电力交易平台进行申报,经安全校核后形成交易结果;挂牌交易由电力交易中心统一组织,通过电力交易平台开展,由转让方提交转让挂牌申请,明确转让电量、价格等信息,电力交易中心据此组织交易,由受让方摘牌,经安全校核后形成交易结果。根据最终的交易结果,电网公司与可再生能源发电企业签订购售电合同。通过对接电力交易中心系统,获取了绿电代理协议、交易承诺书、交易公告、发电厂的交易计划量、绿电用户的预测用电量、购售电合同,以及交易结果中市场主体、交易时间、交易方式、成交电量等信息,关键信息实时上链,可充分证明可再生能源发电企业与绿电用户之间存在的发电—售电—购电—用电—结算关系,实现对绿电交易环节的溯源。

3.2.5.4 绿电用电信息上链和溯源

对于绿电用户而言,不同类型的电力在使用上和物理属性上没有任何区别,无法在使用端证明所用电力是否为清洁能源。因此,通过对接电网公司的用电信息采集系统和营销业务系统,获取绿电用户的抄表信息、用户基本信息、交易结算电量,得到绿电用户的实时用电负荷,同时根据抄表数据计算得出绿电用户的累计用电量,且使用区块链技术来实现对绿电用户的用电信息上链存储,达到绿电“荷”端信息的可信存储与溯源。另外,还可以通过对接用电信息采集系统、营销业务系统和 GIS 系统,获取绿电用户的名称、ID、地址、额定容量、运行容量、电能表示值、电能表综合倍率、月度结算电量、月度结算电费、电度电价、常规用电电价单价(目录电价)、经纬度、日测量点总电能示值曲线、日测量点功率曲线等信息,且能够实时上链存储和可信溯源。

3.2.5.5 绿电结算信息上链和溯源

无论是用电侧的抄表电量还是发电侧中产生的购售电合同等结算信息均可以上链存证,实现对绿电结算信息的溯源功能。同时,还可以通过智能合约来实现电费的自动化结算,避免了结算不及时的情况出现。结算智能合约的业务逻辑为:用户结算电费=用户交易结算电量×电价。

3.2.6 功能模块

基于区块链的绿电溯源机制包括绿电溯源数据上链模块、绿电百分百使用证明模块、绿电预警模块、零碳感知模块、即时监控模块、跨链存证模块、可视化展示模块这 7 个功能模块。

3.2.6.1 绿电溯源数据上链模块

绿电溯源数据上链模块是将发电、输配电、交易、用电、结算等绿电业务中的关键信息进行哈希加密,实现业务数据哈希值上链存储,同时,将数据储存的哈希地址、时间戳、区块高度等数据实时推送到绿电溯源系统。通过“绿电溯源数据上链模块”进行查看与管理,确保绿电数据的实时性、有效性、不可抵赖性。

3.2.6.2 绿电 100%使用证明模块

由于电力产品的特殊性,其在供给端和使用端均无法证明电力属性,即无法直接判断是否为绿电。因此,我们从“交易—消纳”侧出发,提出绿电用户100%绿电证明机制,间接证明绿电用户所用电能均为绿电。证明机制的原理为:在区块链上通过集成各业务系统获取的发电、购售电合同、交易结算、消纳等关键业务数据,利用智能合约进行“100%绿电溯源验证模型”的验证,将上链业务数据作为模型变量,进行多重计算交叉比对,回溯还原绿电生产—消纳的全流程，科学证明绿电用户所用电能均为绿电。基于区块链共识机制和智能合约的“100%绿电溯源验证模型”的流程如下所述。

（1）合约生成

各参与方共同商定合约内容，且相关计算指标均是以1个月为结算周期，设每个发电厂的交易计划量分别为 $a_1, a_2, \cdots, a_n$，每个绿电用户的预测用电量分别为 $b_1, b_2, \cdots, b_m$，每个发电厂的上网电量分别为 $c_1, c_2, \cdots, c_n$，每个绿电用户的交易结算电量分别为 $d_1, d_2, \cdots, d_m$，绿电用户月初时每个电能表示值分别为 $e_{t_1}, e_{t_2}, \cdots, e_{t_o}$，绿电用户月末时每个电能表示值分别为 $e_{t'_1}, e_{t'_2}, \cdots, e_{t'_o}$，且绿电用户的每个电能表的综合倍率分别为 $f_1, f_2, \cdots, f_o$，其中，n 表示可再生能源发电企业的数量，m 表示绿电用户的数量，o 表示电能表的数量。

如果 $\sum_{i=1}^{n} a_i \geqslant \sum_{j=1}^{m} b_j$、$\sum_{i=1}^{n} c_i \geqslant \sum_{j=1}^{m} d_j$ 和 $\sum_{j=1}^{m} d_j = \sum_{k=1}^{o} (e_{t'_k} - e_{t_k}) f_k$ 三者同时成立，则绿电用户100%使用绿电；否则，绿电用户没有100%使用绿电。其中：a_i 和 b_i 来源于电力交易中心，c_i 来源于电力调度系统，d_i 和 f_k 来源于营销业务系统，$e_{t'_k}$ 来源于用电信息采集系统。

（2）合约共识上链

经签名的合约通过区块链网络分发至每个区块链节点，节点会将收到的合约暂存在内存中等待验证。每个节点将“合约生成”中的三个判定条件打包成一个合约集合，并计算出该集合的哈希值，最后将合约集合的哈希值扩散至全网的其他节点来比对验证。通过多轮的发送与比较，若各节点哈希值验证一致，则代表共识完成，即以上三个判定条件将会被写入区块链中。合约存放在合约集合里便于根据业务需求即时调用，合约共识上链后不可篡改，防止单节点私自恶意增删改。

（3）合约执行

区块链接收到预置触发条件（即接收到模型业务数据，如交易计划量、预测用电量、上网电量、交易结算电量、电能表示值、综合倍率等）、预置响应规则（按月触发)后,便会自动执行计算。如果三个公式均正确,则“100%绿电溯源验证模型”验证通过,且验证通过结果经过共识上链存储,这代表绿电用户 100%使用绿电(如图 3-5 所示)。整个合约的处理过程都由区块链底层内置的智能合约自动完成,公开透明、不可篡改。

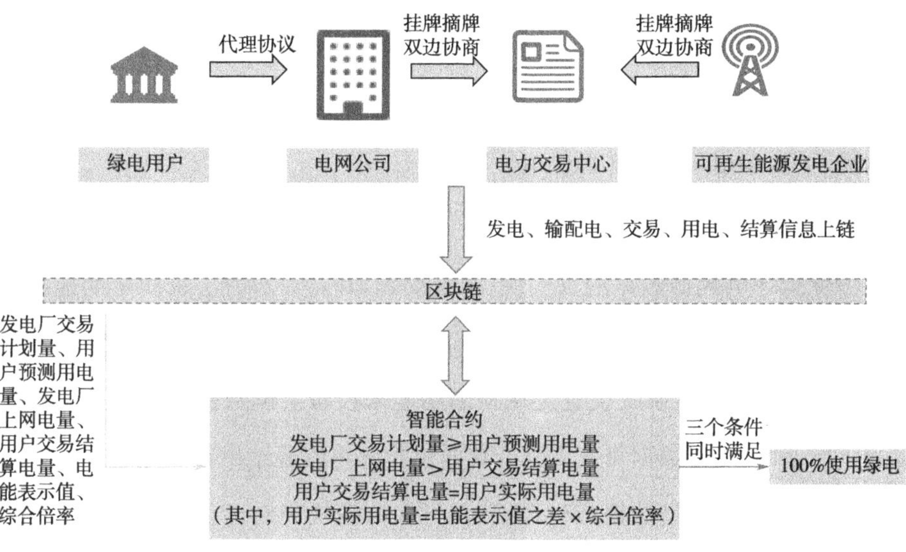

图 3-5　100%绿电溯源验证模型触发流程

3.2.6.3　绿电预警模块

电网公司与可再生能源发电企业签订购售电合同时,会在绿电用户预估电量的基础上予以上浮,保证来年所购电量能够满足绿电用户的用电需求,但可能因用电激增等特殊情况而导致绿电用户年度用电量超过预期。通过绿电预警模块可以进一步保障绿电用户 100%使用绿电。利用智能合约搭建绿电预警模型,以年度合同电量、历史用电量、时间为变量,智能监控绿电用户的绿电使用、绿电用户与发电厂交易情况。当年度累计用电量达到合同电量的 85%以上,且距下次签订购售电合同时间超过 1 个月时,通过预警功能提示绿电用户、可再生能源发电企业及时补签购售电合同,保证绿电用户 100%使用绿电。

3.2.6.4 零碳感知模块

该模块包括两个功能:一方面,通过与电网公司的数据中台(用电信息采集系统、营销业务系统)集成,实时获取绿电用户的用电数据,计算绿电用户的绿电二氧化碳减排量、节约标煤量、二氧化硫减排量、氮氧化物减排量等环保效益评价指标;另一方面,实时计算、比对、展示参与绿电交易的可再生能源发电企业发电、交易及绿电用户和配套设施用电等数据,证明可再生能源发电企业发电量及交易电量完全满足绿电用户的实际用电量,且通过可视化模块,向社会公众展示100%使用清洁能源供电。

3.2.6.5 即时监控模块

为保障绿电溯源数据的真实性,系统设置即时监控功能,采用定期检测及手动触发两种方式检验当前业务数据与原始上链数据是否一致,为全链条数据可信提供支撑服务。系统设置定期检测功能来校验上链数据与业务系统数据是否一致,针对上链数据每三天进行数据校验并将校验结果在后端管理界面进行展示;当用户对上链数据产生怀疑时,可在该模块中对已上链存证的绿电溯源业务数据进行手动触发取证查伪功能,查证目前的业务系统数据是否被篡改,并可通过该模块查看某一条业务数据的查证记录。

3.2.6.6 跨链存证模块

我们还可以接入主流区块链底层平台,通过跨链技术同步存证,进而实现链上绿电溯源数据安全共享,增强绿电溯源公信力及对政务的服务能力。主流的区块链底层平台有很多,包括相关厂商自研的区块链底层平台、国外开源的区块链底层平台及其他新型的区块链基础设施等,跨链存证到哪个平台由具体的业务场景需要来决定。

3.2.6.7 可视化展示模块

可视化展示模块能够将接入的各项数据进行融合,且基于数字孪生三维渲染引擎进行可视化展示。该模块主要分为三个维度层级、六个展示主题。三个维度层级主要包括全国地图层级、区域地图层级和用户层级。其中,全国地图层级负责展示全部节点分布情况、全国绿电上网和消纳情况等信息;区域地图层级是以几大区域地图为基础,展示可再生能源发电企业、输送线路、电站、电力输送、区域用电等信息;用户层级主要展示绿电用户用电、新能源消纳等信息。六大展示专题主要包括数据上链、绿电交易、绿电传输、绿电消纳、绿电100%证明、零碳感知等六个专题,以数据融合地图、模型、动画、视频的方式进行直观展示。

3.3 痛点问题及应对策略

3.3.1 业务痛点与应对策略

3.3.1.1 业务痛点

由于电力具有特殊性,不同于普通物品,在由电网进行传输时无法证明其是否为绿电。同时,从使用端来看,使用绿电和非绿电没有任何区别,同样无法在使用端证明所用电力是否为绿电。

3.3.1.2 应对策略

我们着重从“交易—消纳”侧出发,创新性地提出绿电用户100%绿电证明机制,间接证明绿电用户所用电力均为绿电。证明机制的原理如下:集成各业务系统获取的发电、购售电合同、交易结算、消纳等关键业务数据上链,利用智能合约搭建“100%绿电溯源验证模型”,将上链业务数据作为模型变量,进行多重计算交叉比对,回溯还原绿电生产—消纳全流程,科学证明绿电用户所用电力均为绿电。其中,“100%绿电溯源验证模型”主要包括:发电厂交易计划量≥用户预测用电量;发电厂上网电量>用户交易结算电量;用户交易结算电量=用户实际用电量。另外,我们对绿电进行追溯时需要利用能源路由器这一能源

“网关”,能源路由器可以实现不同能源载体的输入、输出、转换、存储,是能源互联网的核心装置,是融合电网信息物理系统的具有计算、通信、精确控制、远程协调、自治特点以及即插即用的接入通用性的智能体,采用了全柔性架构的固态设备,兼具传统变压器、断路器、潮流控制装置和电能质量控制装置的功能,实现了交直流无缝混合配用电和柔性负荷(分布式储能、电动汽车)装置即插即用接入,且具有信息融合的智能控制单元,实现了自主分布式控制运行和能量管理,集成了坚强的通信网络功能。

3.3.2 技术瓶颈与应对策略

3.3.2.1 技术瓶颈

我们运用跨链技术接入主流区块链底层平台,可以实现链上绿电溯源数据安全共享,增强绿电溯源公信力及对政务的服务能力。但是,目前对跨链技术的研究还在继续,无法同时兼顾性能、安全性、稳定性等多个方面。

3.3.2.2 应对策略

为了接入主流区块链底层平台,可以借助已公开的开源跨链技术,或者自主研发一套完整的跨链技术平台,实现绿电溯源信息的共享,避免出现因不同区块链应用项目之间的隔离状态而产生新的数据孤岛。

目前主流的跨链技术主要包括公证人机制、侧链、中继、哈希锁定和分布式私钥控制等。其中,公证人机制是一种简单的跨链机制,在数字货币交易所中使用广泛,本质上它是一种中介的方式,不同区块链之间可以引入一个共同信任的第三方作为中介,由这个共同信任的中介进行跨链消息的验证和转发。侧链是以锚定某种原链上的代币为基础的新型区块链,正如美元锚定到黄金,且侧链可以连接各种链,其他区块链则可以独立存在。中继机制可以被视为侧链锚定机制的升级版本,两者的主要区别是侧链机制下的中间链需要进行数据提交和验证,而中继机制的中间链(如 Cosmos 的 Cosmos Hub)则不会对数据进行验证。哈希锁定机制是在不同链之间设定相互操作的触发器,该触发器通常是个待披露明文的随机数的哈希值,只要能揭露该随机数就能进行跨链数据交换。分布式私钥控制是通过私钥生成与控制技术,把原有链上的加密货币资产映射到基于区块链协议的内置资产模板的链上,根据跨链交易信息部署新的智能合约,创建出新的加密货币资产。

3.4 结束语

3.4.1 总结

本章首先介绍了国内外在区块链绿色电力领域中的案例和学术研究。其次,为了证明用户使用了绿电,我们提出了基于区块链的绿电溯源机制,即研究发电、输电、配电、交易、用电、结算等绿电全业务流程。最后,我们设计了绿电溯源数据上链模块、绿电100%使用证明模块、绿电预警模块、零碳感知模块、即时监控模块、跨链存证模块、可视化展示模块等7个功能模块,同时,还研究了对发电、输电、配电、交易、用电、结算等信息进行上链和溯源的方法与流程。

区块链与绿色电力的结合具有一些重大价值。第一,我们从“交易—消纳”侧出发,利用智能合约进行“100%绿电溯源验证模型”的验证,间接证明绿电用户所用电力均为绿电,能够为我国在绿色能源方面的发展贡献一份力量。第二,我们提出的绿电溯源机制具备可视化展示功能,我们的可视化展示系统对接入的数据进行融合,且基于数字孪生技术进行可视化展示,让大家能够动态感知到我们在绿色能源方面所做出的贡献。第三,我们还接入主流区块链底层平台,通过跨链实现绿电溯源数据安全共享,避免出现因不同区块链项目之间的隔离状态而产生新的数据孤岛。

当然,我们的研究也存在着不足之处。比如,由于区块链技术还处于不断的发展过程中,成熟度还有待提高。因此,区块链项目的全面落地不是一朝一夕就能实现的,而我们基于区块链的绿电溯源方案也是采用以点带面的策略来逐步落地应用,先从试点区域开始,然后逐步推广到全国。

3.4.2 展望

我们的基于区块链的绿电溯源系统可定义为1.0版本,主要为100%绿电使用及绿电溯源信息提供可信认证与可视化展示,提高绿电信息的可信性和透明度,向世界充分展示我国落实“双碳”理念的实践成果。但基于区块链的绿电溯源系统的意义不限于此,未来将通过对1.0版本系统资源与性能的优化提升,实现系统升级换代,扩展至2.0、3.0、4.0乃至更高级的版本,且也可应用于更大的范围与更广阔的场景。同时,未来可对能源路由器进行更新升级。一方面,对于主干网能源路由器,大功率电力电子变流器的研究仍是关键。当前,仍没有适用于商业的高电压、高频率电力电子器件来实现固态变压器,且现有的大功率器件如IGBT(绝缘栅双极型晶体管)等的耐压程度还不足以支撑主干网的电压等级,同时这些器件的工作频率也有待提高。另一方面,针对不同级别的能源路由器应选择不同的通信方式,如何将通信功能与功率集成在一起,并使信息传递与功率处理在不同工况下均协调工作是实际运行的关键。类似于信息互联网,未来的电力互联网设备节点数量巨大,需要快速、可靠的路由算法来实现源与负载的快速连接。

基于区块链的绿电溯源系统的未来更高级版本将是对该系统适用范围与场景的双向扩展。在适用范围上,可扩展至全国各地,助力全国各地实现绿色电力供应率、分布式能源消纳率均达到100%的目标;在场景上,可拓展至为全国各地的绿电消纳提供可信认证,切实践行将我国绿电溯源应用建成国际上可供学习、借鉴的绿电项目,全面实现政府、民众对绿色电力发电、输配电、交易、用电、结算等绿电全流程的多维度可信感知,深入贯彻落实可持续发展理念,助力电网公司建设具有中国特色且国际领先的能源互联网企业,推进我国能源生产和消费结构升级,为全球减排和可持续发展目标的实现贡献一份力量。同时,深化绿色能源应用,实现区块链技术在能源行业的深入实践,通过区块链独有的智能合约机制,解决整个能源市场中交易、结算环节的痛点问题;使用区块链技术赋能可再生能源电力消纳溯源、绿证交易溯源等多个场景,推动能源行业的供需关系升级、能源数字化、能源消费升级与市场价值的综合提升。

本章参考文献

[1]周洪益,钱苇航,柏晶晶. 能源区块链的典型应用场景分析及项目实践[J]. 电力建设,2020,41(2):13-20.

[2]喻小宝,郑丹丹. 区块链技术在能源电力领域的应用及展望[J]. 华电技术,2020,42(8):17-23.

[3]张子立,张晋宾,李云波. 国际能源区块链典型项目应用及分析[J]. 华电技术,2020,42(8):75-82.

[4]鸵鸟区块链. 西班牙可再生能源部门将推出基于区块链的溯源工具[EB/OL]. https://www.tuoniaox.com/news/p-293922.html,2018-12-17.

[5]Sandi Rahmadika, Diena Rauda Ramdania, Maisevli Harika. A Blockchain Approach for the Future Renewable Energy Transaction[A]//1st International Conference on Advance and Scientific Innovation(ICASI)[C]. Medan, Indonesia, 2018.

[6]Alastair Marke. Transforming Climate Finance and Green Investment with Blockchains[M]. Pittsburgh: Academic Press, 2018: 113-131.

[7] Hongkai Wang, Yiyang Yao, Xiaohui Wang, et al. A Green Power

Traceability Technology Based on Timestamp in a Main-Side Chain System[A]// 2020 13th International Congress on Image and Signal Processing, BioMedical Engineering and Informatics(CISP-BMEI)[C]. Chengdu, China, 2020.

[8]中商情报网. 区块链+能源:区块链在能源领域主要有这三方面的应用[EB/OL]. https://www.askci.com/news/chanye/20180604/1058591124198.shtml, 2018-06-04.

[9]国家发改委. 开展绿色电力交易试点,推动构建以新能源为主体的新型电力系统——访国家发展改革委有关负责同志[EB/OL]. https://www.ndrc.gov.cn/xwdt/xwfb/202109/t20210907_1296138.html? code=&state=123, 2021-09-07.

[10]张元星,刁晓虹,李涛永,等. 区块链在绿色能源证书交易方面的应用与实践[J]. 电力信息与通信技术,2020,18(6):75-81.

[11]蔡元纪,顾宇轩,罗钢,等. 基于区块链的绿色证书交易平台:概念与实践[J]. 电力系统自动化,2020,44(15):3-9.

[12]张圣楠,张显,薛文昊,等. 基于区块链的可再生能源消纳凭证交易系统性能优化[J]. 电力需求侧管理,2021,23(2):10-15.

思考题

1. 目前绿电溯源存在着哪些挑战?

2. 结合区块链在绿色电力领域的应用现状,分析区块链技术能为绿色电力带来什么好处。

3. 当前绿电溯源的全业务流程包括哪几个步骤?

4. 基于区块链的绿电溯源机制的总体架构设计包括哪些层次?每个层次具体包括哪些?

5. 绿电数据的上链和溯源流程包括哪些部分?

6. 绿电数据上链存储包括哪几个步骤?

7. 基于区块链的绿电溯源机制的功能模块包括哪几个?分别具备什么功能?

4　基于区块链的厂网购电费结算

学习要点和要求

1. 区块链在电力结算领域的国内外发展现状(了解)
2. 基于区块链的厂网购电费结算统调业务流程(考点)
3. 基于区块链的厂网购电费结算的总体架构(了解)
4. Fabric 的区块链底层逻辑架构(了解)
5. 基于区块链的厂网购电费结算的功能模块(考点)
6. 厂网购电费结算结果的 PBFT 共识流程(考点)
7. Fabric-CA 身份认证(掌握)
8. 区块链数字签名的工作过程(考点)

4.1　背景与现状

4.1.1　背景

2020 年 12 月 30 日,为维护电力市场秩序,保障电力企业合法权益,规范发电企业与电网公司之间的电费结算行为,国家能源局修订印发了《国家能源局关于印发〈发电企业与电网公司电费结算办法〉的通知》(国能发监管〔2020〕79 号),明确了电费结算方式、结算时间、结算流程、电量计量和争议调解等内容,细化了可再生能源补贴支付、承兑汇票相关条款,进一步缩短了结算时间,提高了电费结算的及时性、准确性和规范性。

厂网购电业务属于统一调配的电网购电业务,其购电业务电量、电价等由省级或省级以上单位安排拟定,且业务参与方主要包括发电企业、电力交易中心和电网公司。具体业务流程如下:发电企业实时计划发电,电网公司营销部实时计量且周期性地传送上网电量数据给电力交易中心;电力交易中心与发电厂营销部确认电量数据,按电量交易协议完成计划和市场电量分解,且生成发电厂购电费结算单;电网公司财务部从电力交易中心获取量、价、费信息,且与发电厂沟通,明确电费数额,同时通知发电企业开票,生成发电厂购电结算通知单;发电企业确认费用信息后开具发票;电网公司财务部校验发票后录入系统,关联购电结算通知单,生成购电成本结算单,且支付电费(如图 4-1 所示)。

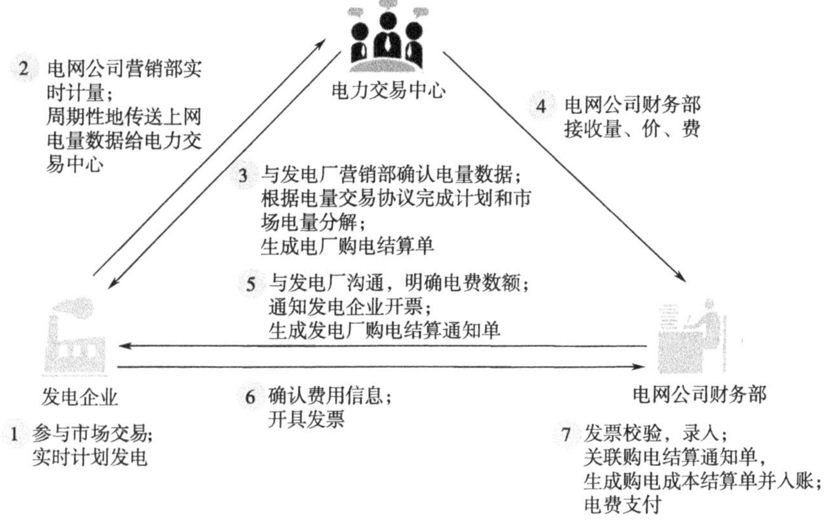

图 4-1 厂网购电费结算流程

当前业务流程存在一些问题,具体包括四点:第一,各部门在购电费结算业务中的专业目标不协同。电网公司财务部处于厂网购电费结算流程的末端,数据传递流程烦琐,对前期的交易情况缺乏感知,距离核心数据一次采集或录入、共享共用的目标存在较大差距。第二,传统数据使用中心化的储存方式,一旦数据被篡改,无法得到及时的恢复。第三,因为数据流转涉及多个部门,一旦数据出现问题,寻找故障原因、纠正错误数据的流程较为烦琐,追溯较为困难。第四，购电费结算数据由多个部门加工处理后生成，各部门处理规则不透明，导致业务沟通困难。

区块链作为比特币的底层技术，涉及密码学、分布式存储、点对点通信、共识机制、时间戳等底层技术，具有去中心化、数据可溯源、数据防篡改、公开透明等特点，正好与厂网购电费结算流程中各部门之间传递的数据信息强调的高可靠需求相吻合。基于此，我们提供了一种可靠的在多部门之间数据同步的方法，同时利用公开透明的智能合约可以有效实现电量数据上链后按电量分解和结算规则自动生成计算结果，并提供符合各部门信息系统需要的数据格式，从而有效支撑当前厂网购电费的流程优化。通过区块链技术将基础数据、电量信息、电价信息、交易结算信息上链存储，并且基于区块链的分布式存储和共识特性，形成可信任、不可篡改、可追溯的结算信息。通过区块链溯源，将关键信息及计算结果上链，利用区块链天然的过程性证明能力，以时间戳展示信息的溯源链条，对链上所有存证结果进行轨迹溯源。通过区块链技术能够规范厂网购电费业务环节数据、流程处理，提高购电费结算效率和可信度。

4.1.2 国内外发展现状

4.1.2.1 国外研究现状

近年来，国外出现了一些将区块链应用在电力结算领域的案例。2016 年 4 月，纽约的一家能源公司 LO3 和区块链初创公司 ConsenSys 共同开发的纽约布鲁克林社区的 TransActive Grid 微电网项目，被认为是世界上最早的基于区块链的能源交易项目之一。该项目采用点对点架构的电力交易方式，不需要经过作为第三方的相关电力运营商，且通过区块链数字货币进行交易结算。但此项目参与用户只有 10 个，仅验证了小规模分布式交易场景的可行性[1][2]。2016 年 5 月，澳大利亚的 Power Ledger 公司通过区块链技术将太阳能电力能源引入 P2P 市场，利用智能合约来让过去颇为棘手的能源交易结算得以在一个无须信任的环境下进行。能源生产者可售卖过剩的太阳能电力来取得收入,而能源消耗者可购买近邻所产生的电力,也可自由选择不同来源的电力,这对于传统电力网络而言是不可想象的。在区块链上的所有交易都是透明、可追溯的,既能降低结算成本,又实现了交易的高效和透明特征[3]。2018 年 1 月,区块链初创企业 BlockCypher 与美国能源部国家可再生能源实验室(National Renewable Energy Laboratory,NREL)合作,利用达世币网络测试分布式能源的点对点交易场景,开发能源交易跨区块链结算解决方案。该方案还计划通过匹配需求与发电量来简化能源消费流程,减少高消费阶段电力赤字的出现次数[4]。

此外,国外在电力结算领域也有一些基于区块链技术的学术研究。Songpu Ai 等[5]认为传统集中电力结算方案不适用于分布式能源交易场景,且针对微电网信息不对等、难以建立信任、预售模式导致的电力浪费和成本增加等问题,提出并实现了一种基于区块链的能源互联网微电网交易的异步结算系统。该系统将异步结算与区块链和智能合约相结合,实验证明可以很好地解决上述问题,并能满足实际应用的要求。Fengji Luo 等[6]提出了一种包含两层的配电网内的分布式电力交易系统,上层提出了一种基于多代理系统的交易谈判机制,使生产者能够就电力交易合同进行谈判;底层提出了一种基于区块链的交易结算机制,使上层的电力交易能够可信、安全地结算。仿真结果表明,该电力交易机制可以有效地促进生产方之间的能源共享,并全面提高配电网的能源交易效率。

4.1.2.2 国内研究现状

国内也有一些用区块链完成电力结算的应用案例。2019 年 7 月,山东省电力公司菏泽供电公司与远光软件股份有限公司共同打造了基于区块链技术的厂网购电费结算项目,实现了发电企业、交易中心、电网等主体之间安全、高效的共享数据,提高了公司和部门间的数据交互能力,提升了数据流透明程度和沟通效率[7]。2019 年 9 月,上海市电力公司与远光软件股份有限公司共同打造了基于区块链技术的分布式光伏结算项目,运用区块链的技术特点,构建了电网公司营销部、财务部、光伏投资商等多方交易主体的联盟链,明确了电费计算规则、违约责任等,实现了上网电量确认、发票开具匹配、电费业务结算、资金支付收讫等全环节链上协同,提高了购电结算效率,增强了支付安全性和统计便利性[7]。

此外,国内在区块链电力结算方面也有一些学术研究。鲁静等[8]利用区块链技术构建的分布式账本,对电力市场的业务数据实现分布式存储,将交易中心提供的结算依据数据、营销部提供的用户用电数据保存在区块链共享账本上,从而打通从支付计划、记账、付款、结算、清分到核算、纰漏、分析、预测的各个财务业务处理环节,实现购电费、售电公司服务费的高效结算,提高财务数据的透明度和可审计性。利用区块链自动共享、不可篡改的记录保管方式,简化数据存储和流转环节,规避人为操作造成的错误,通过智能合约将清算业务结构化,减少清算过程中的摩擦,同时实现"交易即结算",提高清算、结算的效率。罗世刚等[9]结合区块链和智能合约技术构建了分布式电源电费结算系统,研究了智能合约抽象生成和分发方法、电费结算合约自动执行方法,为提升分布式电源电费结算效率提供了新的解决方案。其中,智能合约包括能量智能合约和费用智能合约,各能量节点分别执行与本节点有关的能量智能合约,将得到的能量信息存储在本能量节点,并将能量信息作为区块存储在全节点中;同时,各结算节点分别执行与本节点有关的费用智能合约,将得到的费用信息存储在本结算节点,并将费用信息作为区块存储在全节点中。聂晓涛等[10]提出了基于电量数据交叉校核方法的电费结算机制,将相互校核的逻辑与需要校核的系统节点地址信息以事先制定好的智能合约的形式发送至各个节点上,若整栋楼的总用电量小于整栋楼每户用电量之和,则判定电量信息记录异常。卞朝晖等[11]提出了基于区块链技术的厂网购电费结算流程优化方案,主要包含电费结算智能合约模板的建立、智能合约的生成、智能合约的分发、智能合约的自动执行及记录交易信息四个步骤,该方案解决了当前厂网购电费结算过程中存在的流程烦琐、数据流转时效性差的问题。

4.2 方案设计

4.2.1 业务流程

我们研究了区块链技术与厂网购电费结算业务相结合的优化方案,实现发电企业、电力交易中心和电网公司等主体之间安全、高效的数据共享,提高各主体之间的数据交互能力,提升数据流透明度,为打造“枢纽型、平台型、共享型”企业打下坚实的数字化基础。首先,厂网购售电的参与者在区块链上注册一个数字身份并获取一个公私钥对,各环节的业务流程如图 4-2 所示。

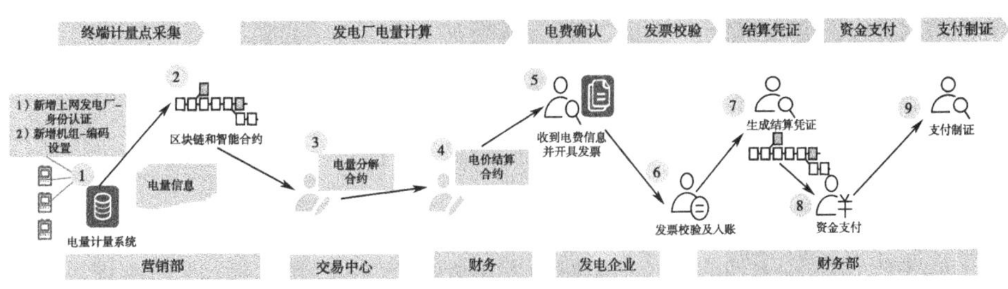

图 4-2 基于区块链的厂网购电费结算统调业务流程

第一,对每个需上网的发电厂进行身份认证,每台机组设置唯一编号,营销部通过设备唯一编码来自动采集发电厂各计量点的电量信息并同步到电网公司。

第二,系统自动将计划和市场电量数据加密后上链储存。

第三,营销部与电力交易中心就电量分解规则达成共识,并在区块链上生成计划电量和市场电量分解智能合约。区块链根据计划电量合约,自动分解此种类的电量成分明细,包含政府公用事业电量、居民生活保障电量等明细合约规则;区块链根据市场电量合约,自动分解此种类的电量成分明细,包含大用户直购电量、网间交易电量、新机调试电量、发电权交易电量、辅助服务交易电量等明细合约规则。

第四,区块链根据计划电量合约规则、电费结算智能合约、相应电价信息自动计算电费;区块链根据市场电量合约规则、电费结算智能合约、相应电价信息自动计算大用户直购电量、网间交易电量、新机调试电量、发电权交易电量、辅助服务交易电量等对应的电费。

第五,区块链将计算的电费结果同步到发电厂财务系统,通知发电厂财务部开具发票;发电厂财务部专责查询链上量、价、费信息,确认无误后,开具购电发票。

第六,电网公司财务部收到发电厂的纸质/电子发票后,进行发票校验;同时,财务人员负责审核入账。

第七,电网公司财务部生成发电厂购电结算凭证,结算数据结果上链。

第八,电网公司财务部根据入账金额及支付计划,形成本期支付待办;支付完成后,区块链自动将信息推送至发电厂财务部,且双方自动对账。

第九,区块链将整个支付结果存储在链上,并进行轨迹溯源。

基于区块链技术,可以将上述解决方案中产生的上网电量、计划电量、市场电量、电价、电费、发票、发电厂购电结算凭证、支付结果等各环节购电费结算数据经哈希运算后打包进区块,并通过共识机制完成实时上链,且购电费结算数据的明文信息存储在IPFS(分布式文件系统),打破中心化存储的弊端。同时,区块链所具备的可追溯、不可篡改等特性可以使得上链存储的购电费结算数据更加安全。

4.2.2 总体架构

基于区块链技术的厂网购电费结算方案是以国内外区块链在电力结算方

面的研究为基础理论，通过区块链技术来实现发电企业、电力交易中心和电网公司等主体之间安全、高效的购电费结算数据共享，提高各主体之间的数据交互能力，且通过智能合约技术按电量分解和结算规则自动生成计算结果，以更加低成本、高效的方式来实现厂网购电费结算。本方案旨在优化发电企业和电网公司电费结算流程，总体架构从下至上包含底层平台、基础配置层、展示层。其中，底层平台采用区块链企业应用服务平台；基础配置层主要包括权限管理、注册管理、交易类型、合约管理、组织管理、证书管理、集成接口和联盟管理；展示层主要展示公共账本、档案管理、业务执行、业务结算、发票协同、资金结算等（如图 4-3 所示）。

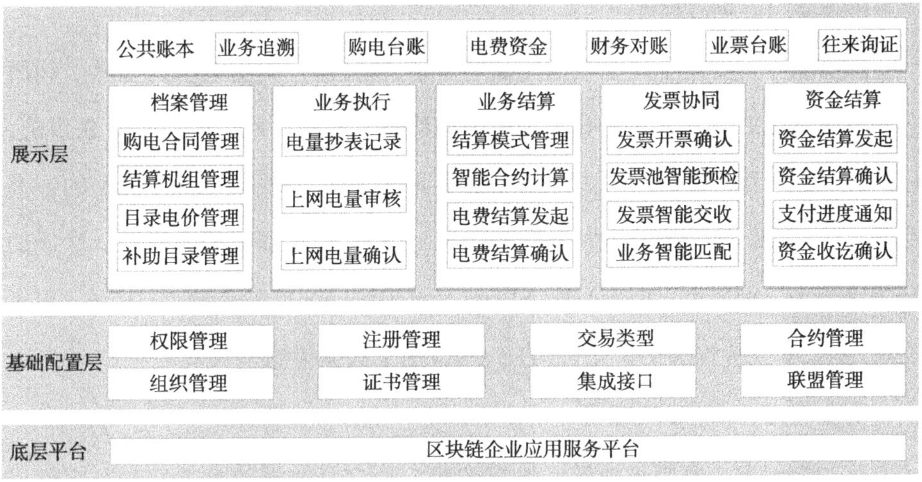

展示层
公共账本 业务追溯 购电台账 电费资金 财务对账 业票台账 往来询证
档案管理：购电合同管理 结算机组管理 目录电价管理 补助目录管理
业务执行：电量抄表记录 上网电量审核 上网电量确认
业务结算：结算模式管理 智能合约计算 电费结算发起 电费结算确认
发票协同：发票开票确认 发票池智能预检 发票智能交收 业务智能匹配
资金结算：资金结算发起 资金结算确认 支付进度通知 资金收讫确认
基础配置层
权限管理 注册管理 交易类型 合约管理
组织管理 证书管理 集成接口 联盟管理
底层平台
区块链企业应用服务平台

图 4-3　区块链厂网购电费结算的总体架构

4.2.3　区块链底层平台架构

我们的区块链企业应用服务平台主要是以超级账本 Fabric 技术为主，在架构上分为两层：下面一层是核心的区块链实现层，包括成员服务、区块链服务和链码服务；上面一层是应用层，是应用程序与 Fabric 进行交互的媒介，包括成员管理、区块链管理、交易管理和合约管理等（如图 4-4 所示）。

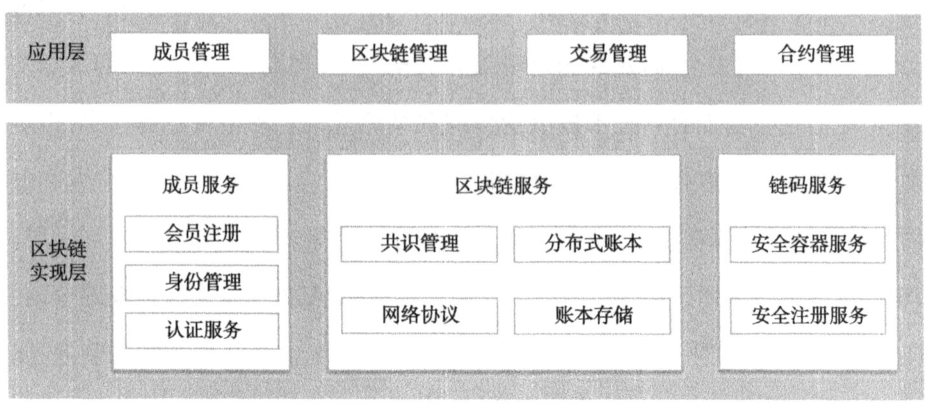

图 4-4 Fabric 逻辑架构

4.2.3.1 成员服务

成员服务主要用于建立根信任证书体系,验证用户提交请求的签名。利用公钥基础设施 PKI 和去中心化共识机制构建许可制的厂网购电费结算联盟链,用户可以通过第三方的 CA 认证系统获取证书,也可以使用 Fabric-CA 的证书服务。CA 系统负责用户注册,并管理用户身份证书,如新增或者撤销。注册的证书又分为三种类型:注册证书(ECert)用于用户身份,交易证书(TCert)用于交易签名,安全传输层协议证书(TLS Cert)用于数据传输。

4.2.3.2 区块链服务

区块链服务主要用于确保区块里的每一个交易数据的有效性和有序性以及厂网购电费结算联盟链上不同节点之间数据的一致性。区块链的自信任主要体现在分布于区块链中的用户无须信任交易的另一方,也无须信任一个中心化的机构,只需要信任区块链协议下的软件系统即可实现交易。这种自信任的前提是区块链的共识机制,且共识机制可以实现账本数据的分布式存储。

4.2.3.3 链码服务

依赖底层链码服务,支持与厂网购电费结算业务相关的智能合约执行。链码服务为智能合约提供安全的执行环境,确保执行过程的安全和用户数据的隔离，保证用户数据的私密性。Fabric 采用 Docker 容器来管理和执行链码，提供安全的沙箱环境和镜像文件仓库，这有利于支持多种语言编写的链码，扩展性很好。

4.2.3.4 成员管理

Fabric 的设计目标是联盟链而不是公链，这个目标决定了 Fabric 在厂网购电费结算业务的用户管理上和 Bitcoin（比特币）等公链有很大的不同，我们需要充分考虑到厂网购电费结算业务对安全、隐私、监管、审计、性能等方面的需求，成员必须被许可才能加入联盟链网络，且这个模块为整个厂网购电费结算联盟链提供身份管理、隐私保护和可审计等服务。

4.2.3.5 区块链管理

应用程序对于厂网购电费结算联盟链的账本管理主要有两种类型：一种是电费结算数据的读取；另一种是电费结算数据的写入。只有获得授权的用户才可以查询厂网购电费结算联盟链上的账本数据，并且有多种查询方式，包括使用区块高度查询区块、使用区块哈希查询区块、使用交易 ID 查询交易，还可以根据通道的名字查询区块链信息。

4.2.3.6 交易管理

应用程序对于厂网购电费结算数据的写入，只能通过发起一个交易的方式来完成；Fabric SDK（软件开发工具包）提供了相应的接口，应用程序调用 SDK 接口，通过交易管理提交交易提案，应用程序收集到经过背书之后的交易，再通过广播发送给排序节点，经过排序之后，生成区块。

4.2.3.7 合约管理

合约管理主要用于处理网络成员所同意的与厂网购电费结算相关的业务逻辑。Fabric 链码和底层账本是分开的，升级链码时并不需要迁移账本数据到新链码当中，实现了逻辑与数据的分离；应用程序提交到区块链的交易提案，只有通过链码执行，才能实现区块链的业务逻辑，且只有链码才能更新账本数据，其他模块都不能直接修改账本数据。链码可采用Go、Java、Node.js等语言编写。链码被编译成一个独立的应用程序，然后部署到Docker容器中运行。

4.2.4 共识机制功能模块

4.2.4.1 设计原则

在设计共识机制时，需要考虑厂网购电费结算区块链系统中发电企业、交易中心、电网公司等各个主体之间的关系，保证各参与节点共同记账，保证交易信息的可溯源特征，完成高效、准确、可信的厂网购电费结算区块链共识机制建设，同时满足安全性和实时性的要求。

在最终一致性共识算法中，工作量证明(POW)机制能够完全实现去中心化、节点自由加入和退出，但存在资源消耗多、性能较低等缺点，并不适合厂网购电费结算的商业应用。权益证明(POS)机制根据每个节点所占代币的比例和时间等比例地降低挖矿难度，从而加快寻找随机数的速度，这种做法虽然在一定程度上缩短了共识达成的时间，但由于代币的存在，仍然不适合商业应用。委托权益证明(DPOS)机制采用类似于董事会投票的模式，大幅减少了参与验证和记账的节点数量，使得交易速度直线上升，可以达到秒级的共识验证。然而，该共识机制对恶意节点的处理存在诸多困难，影响厂网购电费结算场景的安全性，也不适合厂网购电费结算的商业应用。由于在厂网购电费结算中涉及多角色能源交易与调度，完全实现无政府或行业主管部门监管是不现实的，因此，采用强一致共识算法的PBFT(实用拜占庭容错)算法较为合适。此共识算法在保证系统足够安全、灵活的前提下，只要失效节点不超过全网所有节点数量的1/3，最终的交易结果是可以确定记账的。

4.2.4.2 共识总体流程

厂网购电费结算的物联网拓扑网络架构与区块链的数据不可篡改、分布式账本、合约自动执行、可追溯等技术特性相互融合，为电力市场提供了可信、安全、智能化的分布式电力交易结算环境。基于区块链的共识机制实现了多方相互监督的工作机制，提升了多方参与感和信任度。业务数据存证时，通过多方共识，对业务数据达成分布式的一致性。基于 PBFT 共识机制的区块链厂网购电费结算方案步骤如下：

(1)构建厂网购电费结算联盟区块链

以联盟链连接电力生产者、电力消费者与电力交易监督者，不同的用户通过客户端(如智能电表、移动设备、光伏设备、充电桩等)代理来完成直接电力交易。电力生产者包括火电厂、核电厂、水电厂、大型风电厂和光伏业主等，也称为电能供给方；电力消费者包括售电企业、居民和工厂等用户，也称为电能需求方；电力交易监督者主要是电网公司、国家能源局等权威机构。

联盟链可以预先指定节点为记账人，记账节点共同参与交易一致性确认工作，在区块链上具有数据写入与读取权限，能够查询链上的所有交易。其他普通节点可以参与交易，但不能记账，它们仅能通过 API(应用程序编程接口)去链上查询与其自身利益相关的电力交易结算信息，从而保障厂网购电费结算系统的安全。

(2)电力交易结果上链

首先，用户(电力生产者/消费者)当月需要发布下月电力交易信息(签订方、拟售/购电量、单价、生效日期、适用区域等)，发布后的电力交易信息上链存储，即对所有用户公开可见，且区块链存证信息(时间戳、区块哈希、交易哈希)确保电力交易信息的唯一性。然后，其他用户(电力生产者/消费者)根据自身需求回应电力交易信息，即可以选择接收、商讨或拒绝该笔电力交易，如果最终接收该笔电力交易则代表电力交易撮合完成。最后，将电力交易撮合完成的电力交易结果上链存储。

(3)设计厂网购电费结算智能合约

要让每笔厂网购电费结算有效地生成区块并记录在分布式账本上，需经历三个步骤:一是电力交易撮合;二是将电力交易撮合完成后的电力交易结果信息进行共识上链;三是电力交易结果信息触发厂网购电费结算智能合约,且在电量分割规则、电费计算规则都正确的前提下合约才能执行,实现高效厂网购电费结算,且厂网购电费结算结果经过共识机制实时上链存储。

(4)厂网购电费结算结果的 PBFT 共识流程

有效的厂网购电费结算结果将经历请求、预准备、准备、提交、应答等五个阶段完成共识流程(见图 4-5),并记录于区块链中。当然,PBFT 共识机制能满足本案例中所有的上链需求,详细的共识流程如下。

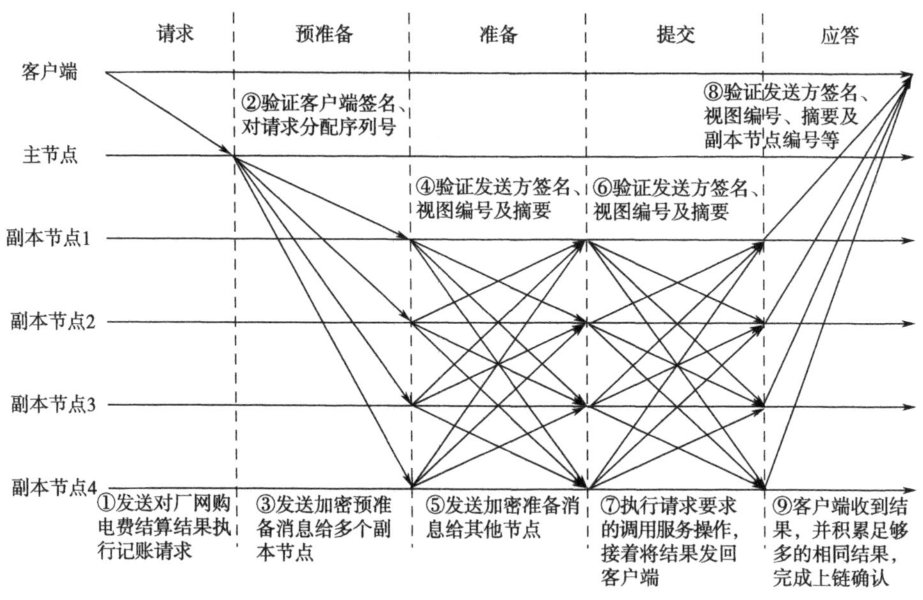

图 4-5　共识流程

第一步,请求(Request):客户端通过点对点消息向主节点发送对厂网购电费结算结果执行记账的请求。请求内容为<Request,o,t,c>。其中,Request 包含厂网购电费结算结果 m 和厂网购电费结算结果的摘要 d(m);o 是请求的具体操作;t 是请求时客户端追加的时间戳,用来保证客户端请求只会执行一次;c 是客户端标识。客户端采用自己的私钥对请求进行数字签名。

第二步,预准备(Pre-prepare):主节点通过广播将基于验证后请求生成的预准备消息发送给副本节点。主节点接收到客户端发来的请求后,采用客户端公钥对请求进行解密。同时,主节点向所有副本节点发送预准备消息,消息内容为<Pre-prepare,v,n,m,d(m)>。其中,v是视图编号;n是主节点对接收到的请求分配的序列号;m是厂网购电费结算结果;d(m)是厂网购电费结算结果m的摘要。主节点采用自己的私钥对预准备消息进行数字签名。

第三步,准备(Prepare):副本节点通过广播将基于验证后预准备消息生成的准备消息发送给其他副本节点。副本节点接收到主节点发来的预准备消息后,首先会对以下条件进行验证,包括:请求和预准备消息的签名正确,并且d(m)与m的摘要一致;当前视图编号是v;副本节点从未在视图v中收到过序号为n且摘要为d(m)的厂网购电费结算结果m。只有验证满足以上条件后,副本节点才会真正接收一个预准备消息。如果某一副本节点i真正接受了某个预准备<Pre-prepare,v,n,m,d(m)>,则进入准备阶段,即该副本节点向所有其他副本节点发送准备消息<Prepare,v,n,d(m),i>。其中,v是视图编号;n是主节点对接收到的请求分配的序列号;d(m)是厂网购电费结算结果的摘要;i是该副本节点的编号。同样,要使其他副本节点都真正接受认可这一准备消息,也必须验证:签名正确、消息的视图编号与节点当前视图的编号一致。

第四步,提交(Commit):所有副本节点在验证接收到的准备消息后,都执行请求要求的调用服务操作,并将结果发回客户端。所有副本节点根据验证且有效后的准备消息<Prepare,v,n,d(m),i>,副本发给客户端一个响应<Commit,v,n,m,d(m),i,t,c,r>。其中,v是视图编号;n是主节点对接收到的请求分配的序列号;m是厂网购电费结算结果;d(m)是厂网购电费结算结果m的摘要;i是副本节点的编号;t是时间戳;c是客户端标识;r是请求执行的结果。需注意的是,每个由副本节点发送给客户端的消息都包含了当前的视图编号,因此客户端能够跟踪视图编号,从而进一步推算出当前主节点的编号。

第五步,应答(Reply):客户端积累足够多的相同结果,完成上链确认。客户端需要等待f+1个不同副本节点发回相同的结果r,且该结果r作为整个操作的最终结果,即厂网购电费结算结果最终上链存储。需注意的是,响应需要保证签名正确,并且具有同样的时间戳t和结果r,这样客户端才能把r作为正确的执行结果,因为失效的副本节点不超过f个,所以f+1个副本的一致响应必定能够保证结果是正确有效的。

4.2.5 成员管理功能模块

由于厂网购电费结算系统中大多数的信息交互都需由用户通过物联网设备来实现,物联网节点接入区块链网络时其安全性和可靠性至关重要。当前的很多物联网节点是基于简单硬件的,且不能处理复杂的加密算法,导致很难满足能源互联网中海量物联网应用。同时,物联网节点可能通过有线方式或无线方式连接到网络,节点的安全性未能得到绝对保障。

区块链与物联网拓扑架构相类似,由多个节点组成,每个节点的权力地位一样,都可以同步记账,如果一个节点被黑客攻击或者由于其他原因被摧毁,并不会影响整个系统的安全,也不会造成数据丢失。同时,区块链是基于一定的共识规则来使整个系统上的每一个节点都有着完全一样的账本数据,如果区块链系统发现两个账本的数据不一样,它就会自动认为拥有相同数据节点较多的账本是真实的,另一个则是被篡改过的,拥有相同数据节点较少的账本就会被舍弃。基于此,利用区块链的分布式同步记账模式能够为整个能源互联网带来极高的安全性。对于区块链网络中的关联用户而言,对用户的公钥进行哈希运算,生成特定格式的字符串作为公开的用户地址以标识用户,方便用户开展各类转账、交易等活动;但是,由于该标识并未封装用户的物理身份信息,如身份证、手机号、住址等,这造成区块链的追溯环节中从链上身份到社会身份的脱节。因此,需要对链上节点进行身份验证,确保数据发送者与接收者的安全性。

为了对能源互联网中的节点进行安全防护，区块链可以制定如下安全管理策略。

4.2.5.1 成员节点安全共识

由于区块链采用节点共识机制，当小部分节点被攻击者控制时，剩余节点可以通过共识机制来区分恶意节点和正常节点，如果部分节点存在数据被篡改情况，则其他节点可标识该节点不可靠，并将其从区块链系统中移除，从而防止DDOS(分布式拒绝服务)攻击和保护节点安全。

4.2.5.2 成员节点身份认证

区块链可以采用非对称加密算法和智能合约，对区块链网络中的网络接入设备进行鉴权。待接入物联网设备需向物联网平台和网络设备节点发送接入和鉴权请求，区块链系统根据节点共识机制来对接入设备的身份标识进行认证和管理。

4.2.5.3 成员节点域名管控

利用区块链对节点域名进行分布式管控来保护节点安全。首先，通过设备网络大规模分发私人数据和身份验证，并运用安全认证保护边缘设备；其次，将物联网设备唯一身份签名映射到物联网设备，确认设备身份的真实性；最后，将物联网传感器数据直接编码到区块链中，为分散交互提供安全。在域名管控上，将域名基础设施建立在区块链之上，建立域名哈希映射，在每个网络节点处进行域名注册、转移等操作，存储域名所有人的公私钥对并记录解析后的域名，从而分散了原本集中的域名服务；同时，由于不存在被黑客攻击或修改的中央记录，也防止了域名劫持等攻击。

4.2.6 数据安全功能模块

4.2.6.1 数据安全背景

电网公司在生产运营中积累了来自不同信息系统的海量数据，如财务、营销、人资、电力市场等业务数据，以及“发、输、变、配、用”每个环节的电力数据。面对分布广泛、结构不一、相互关联的海量数据，电网公司通常需要耗费巨大的人力、物力和时间成本进行收集、管理与维护。为推进企业信息化建设，破解数据共享难题，电网公司大力推动全业务统一数据中心建设。然而，由于当前电网公司跨专业协同与信息共享能力不足，数据中心的中心化存储与管理数据的模式依然存在中心服务器被恶意攻击所导致的数据泄露风险。同时，电网公司以垂直沟通为主的组织模式使各部门之间很难进行无障碍横向沟通，且互联网下的电子数据可以被无痕迹篡改，这也给数据的真实性和安全性带来巨大挑战。

在电网公司，厂网购电费结算等重要业务数据是电网的核心资产，数据的安全性与可靠性至关重要。因此，需要有一套数据安全共享方案来保障数据在流通全过程中的安全性，有效推进业务融合和数据共享，为实现用数据管理企业、用信息驱动业务提供有力支撑，为建立企业级大数据综合分析应用平台打下基础。

4.2.6.2 厂网购电费结算数据的安全传输方法

在区块链网络里，数据传输离不开终端节点管控，链上可信的节点直接决定其发送与接收数据的安全性与真实性。我们研究的区块链厂网购电费结算主要通过 CA 认证对节点身份进行可信认证来保障数据发送者和接收者的身份安全，通过数字签名对数据进行加密来保障数据传输安全。

(1)超级账本 Fabric-CA 身份认证

在数据共享之前，需要对发送者和接收者进行身份验证。当前基于区块链的身份认证的基本原理是用户终端存储个人敏感信息，区块链不存储个人敏感信息，保证信息的有效性和完整性，其承接信任的桥梁即是 CA 认证中心(证书授权中心)。CA 认证中心用来签发数字证书、认证数字证书、管理已颁发的数字证书。同时，认证它还要制定具体步骤来验证、识别用户身份，并对用户数字证书进行签名，以确保数字证书持有者的身份和公钥的拥有权。

用户要想获得数字证书,需先向 CA 认证中心提出申请,CA 认证中心验证申请者的身份后,为其分配一个公钥且与其身份信息绑定,同时为该数字证书进行签名,作为证书的一部分(数字证书结构如图 4-6 所示),然后把整个证书发送给申请者。当需要鉴别证书真伪时,需要用 CA 认证中心的公钥对证书上的签名进行验证,验证通过则证书有效。

图 4-6　Fabric-CA 的数字证书结构

(2)区块链体系下的数字签名

除了对节点身份进行可信认证,还需要通过数字签名技术来保障数据传输安全。数字签名是哈希算法与非对称加密算法相结合的技术。哈希算法是将任意长度的输入通过散列算法变换成固定长度的输出,该输出就是散列值。通过哈希算法可以在有限时间和有限资源内计算出给定明文对应的哈希值,即使知道该哈希值,也基本不可能逆向推出原始明文。如果原始输入信息修改一点,产生的哈希值就会发生巨大变化(如图 4-7 所示),数字世界里两段内容不同的明文所计算出来的哈希值一致的可能性是很小的,我们通过这种加密机制

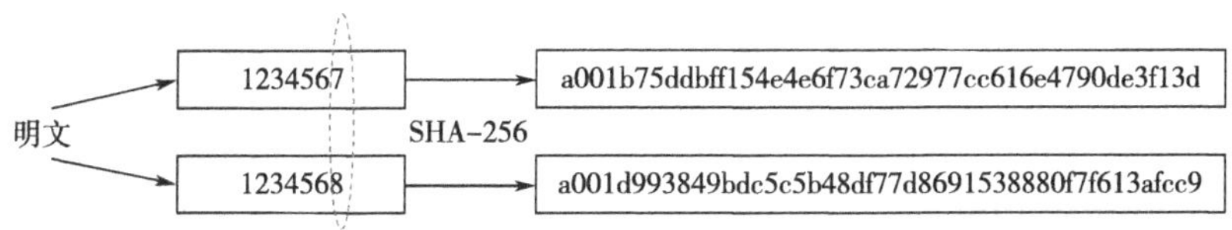

图 4-7　区块链上数据哈希加密后数据区块结构展示

来保障数据安全。

非对称加密算法则需要两个不同的密钥来进行加密和解密，这两个密钥一般分别叫作公钥和私钥。公钥和私钥成对出现，是通过某一种加密算法得到的密钥对，公钥是密钥对中公开的部分，私钥则是密钥对中非公开的部分。在密码学中，明文记为 P，密文记为 C，密钥记为 K，加密算法记为 E，解密算法记为 D，则 C=E(P)，P=D(C)，同时，密码系统满足 P=D(E(P))，而非对称加密需要满足 P=D(KD,E(KE,P))，否则解密不成功。

数字签名的工作过程包括两种：一种是用户 A 通过随机算法，生成一对公私密钥，用户 A 将公钥公开，分别发给 B、C、D；用户 B 给 A 发送一条交易信息，首先用 A 的公钥对这条信息加密，然后将加密后的密文信息传播给 A，A 在接收到信息之后，用自己的私钥进行解密，从而得到 B 给 A 的明文信息。另一种如图 4-8 所示，A 将要发送的信息通过哈希运算得到摘要，并用私钥进行加密，生成这个信息的数字签名；A 将所要发送的信息和数字签名同时发送给 B，B 利用 A 的公钥来对此数字签名进行解密，从而确定该信息的确来自 A；B 通过将对 A 发送的信息进行哈希运算得到的摘要与解密得到的摘要进行对比，可以确

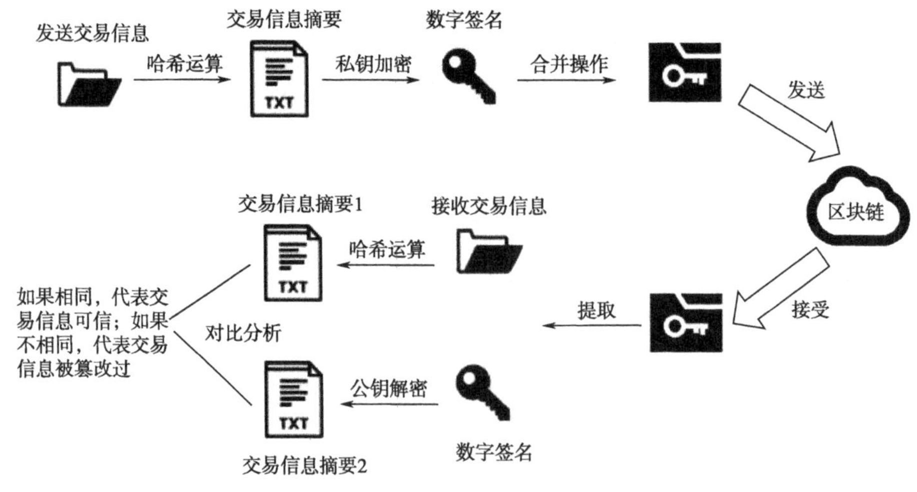

图 4-8　数字签名的工作过程

定该信息是否被篡改过。

4.3 痛点问题及应对策略

4.3.1 业务痛点与应对策略

4.3.1.1 业务痛点

电网公司财务部处于厂网购电费结算流程的末端,数据传递流程烦琐,且对前期的交易情况缺乏感知,无法实现实时数据共享;传统数据使用中心化的储存方式,一旦数据被篡改,无法得到及时恢复,安全性较低;数据流转涉及多个部门,一旦数据出现问题,数据较难追溯;购电费结算数据由多个部门加工处理后生成,各部门处理规则不透明,提升了业务沟通困难。

4.3.1.2 应对策略

利用区块链技术实现厂网购电费结算场景中业务数据的实时上链,满足各方实时共享需求;业务数据采用区块链的方式进行分布式存储,避免单点故障;通过溯源技术,将关键信息上链,利用区块链天然的过程性证明能力,以时间戳展示信息的溯源链条,对链上所有存证结果进行轨迹溯源;区块链根据计划电量合约规则/市场电量合约规则、电费结算智能合约、电价等对合约执行条件自动做出判断,当所有判定条件都满足时自动计算出电费,这不仅提高了合约执行的效率,更重要的是在没有强有力的第三方监督下有效保障了合约的执行,且计算结果更加透明、可靠。

4.3.2 技术瓶颈与应对策略

4.3.2.1 技术瓶颈

随着区块链技术不断升级与迭代,核心架构逐渐趋于成熟,功能架构保持稳定,但在落地过程中还存在着安全和性能问题。其中,安全问题包括数据来源安全问题和数据传输安全问题;性能问题主要指上链存储的速度问题。总的来说,区块链技术的发展仍处于相对早期的阶段,尚未形成统一的技术标准,各种技术方案还在快速发展中。

4.3.2.2 应对策略

我们研究的区块链厂网购电费结算场景主要通过CA认证对节点身份进行可信认证,通过数字签名技术来保障数据传输安全。我们采用超级账本Fabric-CA认证方式对数据发送者和接收者的身份进行认证。数字签名是哈希算法与非对称加密算法相结合的技术。哈希算法是将任意长度的输入通过散列算法变换成固定长度的输出,该输出就是散列值;非对称加密算法则需要不同的两个密钥来进行加密和解密,这两个密钥一般分别叫作公钥和私钥。详细内容已经在数据安全功能模块中阐述,此处不再赘述。

另外,在性能方面,可以通过分片的方式来提升性能。分而治之是分片技术的核心思想。分片技术的思想是将拥有许多节点的区块链网络划分成若干个子网络,每个子网络中包含一部分节点,也就是一个分片,同时网络中的交易也会被分配到不同的分片中去处理,这样每个节点只需要处理一小部分的交易,不同的分片可以并行处理交易,即可增加交易处理和验证的并发数,从而提升整个网络的吞吐量。在引入分片技术之后,随着整个网络节点数的增加,分片的数量也会增加,进而提高了交易处理的并发数,整个网络的吞吐量也会线性提升,这个特点被称为可扩展性。

分片技术包括网络分片、交易分片和状态分片三种形式。网络分片是交易分片和状态分片的基础,通过随机的方式确定节点应划分到的分片;交易分片是确定交易划分到分片的方式;而状态分片是将系统的存储区分开,每个分片只负责托管本分片的数据,不用存储完整的区块链状态,这使得跨分片通信不可避免。现在分片技术的代表有以太坊、Zilliqa等分片技术。

(1)以太坊分片技术

为了解决扩展性问题,以太坊在 2.0 版本中引入了链上状态分区的概念,将以太网络划分为两层:上层为现有的以太坊主链,基本保持不变;下层为分片链,主要处理和验证状态分区中的交易。该分片技术主要是通过 POS 机制在分片中完成交易的验证,验证之后产生一个校验块,而这个校验块的头部信息被加入主链上面,具体的交易并不保存在主链上面(如图 4-9 所示)。

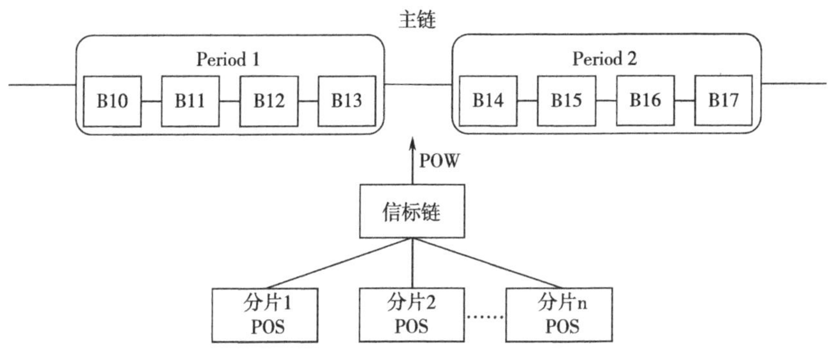

图 4-9　以太坊分片示意图

(2)Zilliqa 分片技术

Zilliqa 是一个扩展性极强的公链平台。实践证明,Zilliqa 具备 2488TPS 的运行能力(6 个分片,3 600 个节点),而且 Zilliqa 链上的节点越多,能达到的 TPS 越高。分片包括网络分片、交易分片和计算分片,其中,网络分片是最重要的。假如有一个包含 10 000 个节点的网络,Zilliqa 将自动把网络分成 100 个子网,每个子网是包含 100 个节点的分片,且所有分片可并行处理交易。如果每个分片每秒能处理 10 个不同的交易,则所有分片每秒可一并处理 1 000 个交易,从而提高交易效率。

4.4 结束语

4.4.1 总结

在本章,我们首先介绍了国内外在区块链电力结算领域中的案例和学术研究。然后,为了解决传统厂网购电费结算场景中的问题,我们提出了基于区块链的厂网购电费结算方案来优化购电费结算流程,达到了提高结算效率和降低结算成本的目标。最后,我们设计了总体系统架构和区块链底层平台架构,同时还对共识机制模块、成员管理模块、数据安全模块等功能模块进行了介绍。

区块链与厂网购电费结算场景的结合具有几方面重大价值:第一,厂网购电费结算数据的链上存储和查询对"能源流、业务流、数据流"三流合一的能源互联网的建设具有重要应用价值,有助于公司三型两网①战略目标的实现;第二,在计划电量与市场化电量、管制电价与市场电价并存的情况下,构建区块链厂网购电费结算系统,既能实现各类计划电量、市场化交易电量以更加自动化的方式进行电费结算,也能履行各电压等级输配电价及政府批复电价的管理责任,符合电力市场化改革和国家价格监管的要求;第三,通过研究区块链厂网购电费结算系统可实现电力市场结算的全过程信息化,有助于实现对市场价格的实时监控,有助于防止价格波动、价格违规或越限等风险情况的发生,有助于防范市场资金风险,有助于平稳有序推进统一电力市场的建设。

当然,我们的研究也存在着一些不足之处。例如,本项目主要采用开源项目超级账本 Fabric 作为我们的区块链底层技术平台,没有自主研发一套完全自主可控的底层技术,因此在底层技术上容易受到别人的牵制,未能符合我国大力推广信息技术应用创新的发展趋势;另外,在数据安全模块中主要通过数字

① "三型"指枢纽型、平台型、共享型;"两网"指坚强智能电网、泛在电力物联网。

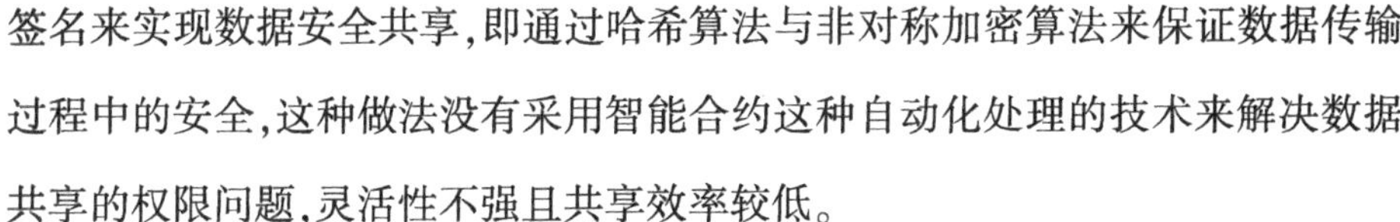

签名来实现数据安全共享,即通过哈希算法与非对称加密算法来保证数据传输过程中的安全,这种做法没有采用智能合约这种自动化处理的技术来解决数据共享的权限问题,灵活性不强且共享效率较低。

4.4.2 展望

除了将区块链应用在厂网购电费结算场景中,未来还可以将区块链应用在电力市场化结算、分布式能源结算等领域中。区块链在电力市场化结算中的应用可以允许发电厂、售电公司、电力公司、用电用户、交易中心等主体自主定制各种购电费结算智能合约,实现购电费高效的结算。区块链在分布式光伏中的应用可以通过分布式多点储存技术保障结算数据的安全性,即使某一节点的服务器出现问题也不会影响整体的数据安全;同时,基于区块链的分布式光伏结算智能合约可以以更加安全、高效的方式来实现分布式光伏的电费结算,能自动地实现电费计算和支付,且电费计算结果和支付结果上链存储,可追溯、不可篡改,有助于保证光伏业主及时收到相应款项。

本章参考文献

[1]张宁,王毅,康重庆,等．能源互联网中的区块链技术:研究框架与典型应用初探[J]．中国电机工程学报,2016,36(15):4011-4023.

[2]王安平,范金刚,郭艳来．区块链在能源互联网中的应用[J]．电力信息与通信技术,2016,14(9):1-6.

[3]姚国章．国际能源区块链的发展进展与启示[J]．南京邮电大学学报(自然科学版),2020,40(5):215-224.

[4]韩秋明,王革．区块链技术在能源领域的国际实践及启示[J]．全球科技经济瞭望,2018,33(3):19-26.

[5] Songpu Ai, Diankai Hu, Tong Zhang, et al. Blockchain based Power Transaction Asynchronous Settlement System [A]//2020 IEEE 91st Vehicular Technology Conference(VTC2020-Spring)[C]. Antwerp, Belgium, 2020.

[6] Fengji Luo, Zhao Yang Dong, Gaoqi Liang, et al. A Distributed Electricity Trading System in Active Distribution Networks Based on Multi Agent Coalition and Blockchain[J]. *IEEE Transactions on Power Systems*, 2019, 34(5):4097-4108.

[7]远光软件官网．基于区块链技术的分布式光伏结算项目[EB/OL]. https://www.ygsoft.com/zt/blockchain/energy_blockchain.html, 2021-07-16.

[8]鲁静,宋斌,向万红,周志明．基于区块链的电力市场交易结算智能合约[J]. 计算机系统应用,2017,26(12):43-50.

[9]罗世刚,杨鹏飞,何炅轩．基于区块链技术在分布式电源电费结算中的应用研究[J]. 通信电源技术,2021,38(1):213-216.

[10]聂晓涛,杨光宇,陈丹．基于区块链技术的智能合约及电费结算机制研究[J]. 科技通报,2020,36(5):116-120.

[11]卞朝晖,桑红蕾,邵梦祺．基于区块链技术的厂网购电费结算流程优化方法研究[J]. 自动化技术与应用,2020,39(11):177-181.

思 考 题

1. 目前厂网购电费结算流程存在着哪些问题?

2. 结合区块链在电力结算领域的国内外发展现状,分析区块链技术能为电力结算带来什么好处。

3. 简述基于区块链的厂网购电费结算统调业务流程。

4. 基于区块链的厂网购电费结算的总体架构设计包括哪些层次? 每个层

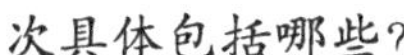

次具体包括哪些?

5. Fabric 的区块链底层逻辑架构包括哪些层次?每个层次具体包括哪些?

6. 基于区块链的厂网购电费结算的功能模块包括哪几个?分别具备什么功能?

Part Ⅲ　企业管理

5　跨境供应链溯源

学习要点和要求

1. 区块链在跨境供应链溯源领域的应用现状(了解)
2. 跨境供应链溯源的业务模型(掌握)
3. 跨境贸易联盟链的构成(掌握)
4. 基于区块链的跨境供应链溯源系统的技术架构(了解)
5. 供应链数据的上链方式(考点)
6. 使用区块链进行跨境供应链溯源的方法(考点)
7. 利用智能合约自动结算关税的方法和流程(考点)

5.1　背景与现状

5.1.1　跨境溯源的现状

物流运输是跨境贸易的支柱,从运输、物资采购、仓储、配送到海关和银行,涉及不同国家或地区的多个参与方。目前,对跨境供应链及跨境物流的溯源存在着诸多挑战。以中国粤港澳大湾区为例,由于采取“一个国家、两种制度、三个关税区、三种货币”的管理方式,内地与香港、澳门在跨境贸易活动中存在着物流信息不对称、跨境协作不连贯、报关手续烦琐、货物难以可信追溯、运营合规成本高等问题。根据全球贸易便利化联盟的数据,供应链的成本占贸易货物最终成本的2/3,文件成本占全球贸易价值的7%。在跨境贸易过程中,对商品的跟踪和可信溯源是当前供应链的挑战之一。每年全球贸易中约有6 000亿美元的假冒商品,占全球贸易的7%;每年全球供应链上约有价值400亿美元的假食品以及价值约6亿美元的假餐酒。保险公司每年因假珠宝损失约20亿美元,全球投入约160亿美元的打假成本阻止药物、奶粉、玩具、手机、钻石、食品等品类的假冒商品进入市场,预计20年后全球贸易的假冒商品会上升100倍。另外,跨境贸易业务相关文件繁多,给海关监管带来阻碍。作为监管部门,海关审查聚焦于交易的真实性及交易的合法合规,数据源的缺失、数据难以整合使海关的监管难度大、耗时长,进而降低了跨境贸易的效率。海关监管所需的大量验证数据只有少数是真正的无纸化交换,大多数仍然无法脱离纸质化载体,这就增加了经济成本和时间成本。为了防止伪造提单和其他进口文件等欺诈行为,海关需要核验海量数据来确定贸易数据的真伪,耗费大量的人力、物力来减少风险和避免监管的漏洞[1]。

区块链技术以其开放、可信、去中心化、共享等特性,在跨境贸易溯源领域具备巨大的应用价值。2019年9月,国务院印发《交通强国建设纲要》,提出要推动区块链等新技术与交通行业深度融合发展;2019年11月,国务院发布了《关于推进贸易高质量发展的指导意见》,提出要推动互联网、物联网、大数据、人工智能、区块链与贸易有机融合,加快培育新动能,构建开放、协同、高效的共性技术研发平台。2020年2月,交通运输部等七部门印发了《关于大力推进海运业高质量发展的指导意见》,基于区块链的全球航运服务网络进入全面推进阶段。2021年2月22日,交通运输部办公厅印发了《关于做好进口电商货物港航"畅行工程"有关工作的通知》,明确了区块链技术应用于进口电商港航业务的具体工作要求;2021年9月,交通运输部又发布了《基于区块链的进口集装箱电子放货平台建设指南》,指导基于区块链的进口集装箱电子放货平台建设。这些政策文件及指导意见的出台表明了区块链技术手段和治理思想在跨境贸易溯源领域具备巨大的应用价值。区块链在跨境贸易溯源领域对促进数据共享、优化业务流程、降低监管成本、建设可信体系有着非常大的潜力。

5.1.2 区块链在跨境溯源领域的国内外发展现状

针对跨境贸易溯源领域中存在的问题，国内外学者在利用区块链提升海关效率、增强国际运输便利性、提高物流服务质量、实现货物可追溯和运输及时性、提升跨境物流效率等方面进行了研究。徐寿芳等引入区块链技术，结合交易“频度系数”矩阵，利用账本拆分技术，将全局账本按地域属性划分为若干交易区域子网，重新设计区域内交易记账和通关记账流程，实现“一带一路”沿线国家和地区间物的实体流、信息流和资金流快速、安全、有序地流转[2]。鲁静等设计了基于区块链的供应链管理方案，通过将不同企业的 ERP 系统主数据上链，打通企业间的信息壁垒，并保护商业数据在网络中传播的安全性和私密性[3]。郭媛媛等研究了跨境贸易区块链溯源各参与方的身份认定方式及溯源原始数据的上链方式[4]。李旭东等以进口医药及食品为典型商品，提出了区块链技术在跨境供应链物流中的应用模式；以信息、单证、集装箱为典型对象，提出了区块链技术在跨境贸易物流中的应用模式；以报关单为典型载体，提出了区块链技术在跨境通关中的应用模式[5]。Jabbar 等认为，通过区块链和电子签名技术，将公文流转过程写入区块链存证，通过智能合约完成自动审核，同时将异常通关过程上链，整个通关过程是高度智慧化并且是高度信任的，提高了现有通关流程审核的整体效率[6]。Korpela 等研究表明，区块链记录无法伪造，使其上记录的信息成为可靠的电子证据[7]。当货物在运输过程中丢失或损毁时，相关各方通过查看区块链，可清楚界定各方责任。为了实现物流信息共享，以企业业务信息系统为基础，通过区块链将需要各方认可的信息或公共信息，如仓储信息、配送信息、车辆运力等，统一保存在区块链的数据账本中。这些信息可对网络中的所有物流节点公开，任何节点都可以通过预定义的界面查询账本中的数据，保证物流过程高度透明[8]。Swan 等研究发现，通过把单据所必需的细节信息存储在不可篡改的链上单据上，以此来代替大量纸质文档的交互，在一定程度上统一了多方利益者的沟通方式，同时提高了物流枢纽的整体运作效率[9]。然而，以上这些研究仅针对跨境物流溯源的某个环节，利用区块链技术解决某一方面的问题，上链主体不够全面，也没有形成信息闭环，无法真正解决跨境贸易中的物流管理问题。

在本章节，我们提出了一种基于区块链技术的跨境供应链溯源方法，结合RFID、二维码、GPS等物联网技术，利用区块链实时追踪货物运输路径并采集其位置数据，实现一物一码，将商品从原材料采购、生产、运输、分销、零售到配送至消费者、消费者取件等全链路的物流信息，以及其过程中产生的单据、仓单等纸质文件写入区块链，形成分布式物流信息跨境共享，完成对货物跨境的可信溯源，保障每件货物的唯一性与真实性，并便于检验检疫、海关、政府、税务局等权威机构线上监管。

5.2 基于区块链的跨境溯源方案设计

5.2.1 总体业务模型

跨境供应链溯源的业务应包含从商品的生产者到最终消费者全流程的过程追溯，须尽可能多地考虑到跨境贸易产品溯源的参与者，包括但不限于生产商、进口商、出口商、货代公司、物流承运商、中间商、口岸和机场、货站经营者、仓储业经营者、第三方检测机构和分销商等。因此，我们采用联盟链的部署方式，参与的节点包括货物的生产商/制造商、分销商、货运公司、货运代理商、海运承运商、港口、海关当局和经销商、零售商等境内外主体。以货物从内地跨境运输至澳门境内销售应用场景为例，首先将Ecode/EPC/批次号等国际物联网标识编码封装于集成了传感装置的RFID标签，然后利用内嵌有GPS定位器的读写器/手持终端，采集从货物生产完成后出入库、运输至内地分销商仓库、中转至国际物流企业仓库,到通过集装箱航运至指定澳门港口这整个物流运送环节的物流、报关、质检、温湿度等信息,并将关联数据上传至联盟链。链上信息保证货物在申请报关之前的整个物流过程能够可信追溯,并且能够通过区块链平台快速进行澳门通关及后续稽查。此外,在物流联盟链的组织节点的访问权限上,供应链上的中小企业、物流服务商和金融服务商可以作为普通组织节点加入区块链网络中,而海关、政府、核心企业等可作为记账节点,且海关具有全流程监督与稽查的职责。利用区块链进行商品追溯的总体业务模型如图 5-1 所示。

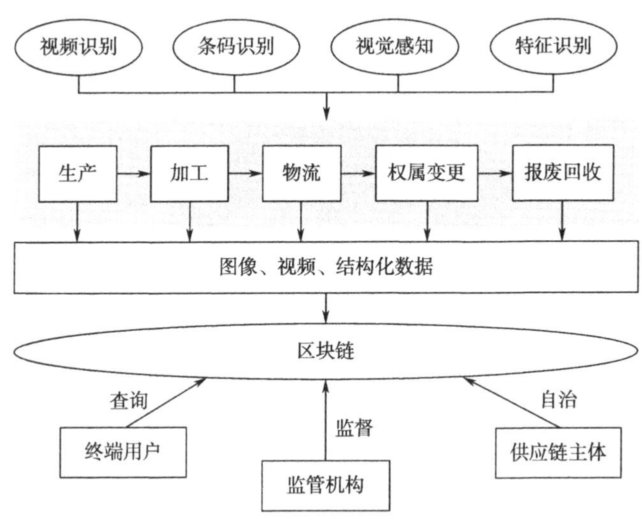

图 5-1　利用区块链进行商品追溯的总体业务模型

首先,构建包括供应链企业、物流服务商、金融服务商和政府监管机构四大主体的跨境物流联盟链;然后,将货物“一物一码”、货物内地出库信息、物流内地中转信息、物流入关港口和海关信息、经销商收货信息上链,并支持跨境物流信息溯源查询,为海关和检疫部门监督监管及终端用户查询货物来源提供便利。总体业务流程如下:

5.2.1.1 构建跨境贸易的联盟链

搭建基于联盟链的跨境物流链，以货物的生产商、分销商、货运公司、货运代理商、海运承运商、港口和海关当局等境内外多主体为节点。其中，海关等权威节点作为监督者可以查询链上货物所有运输信息，链上数据的记录需经过多数记账节点共同验证。图 5-2 为跨境供应链溯源的联盟链构成。

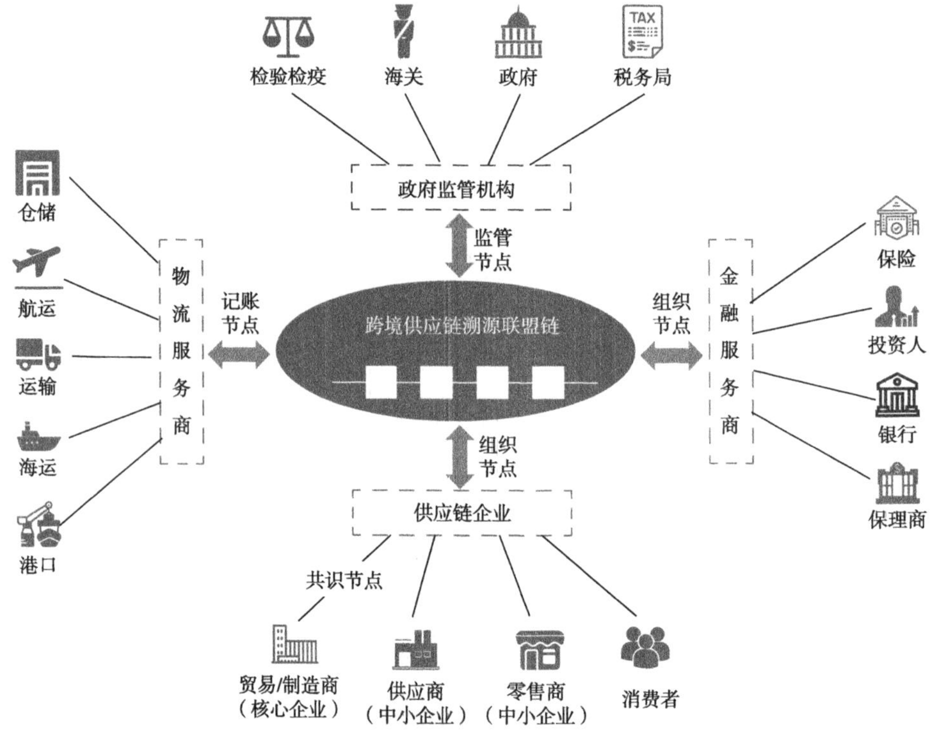

图 5-2 跨境供应链溯源的联盟链构成

5.2.1.2 货物“一物一码”

将生产批次号、防伪码等作为货物的溯源码，采集从货物出库、物流运输中转到港口、航运至目标入关港口到海关验收等整个跨境运输环节的信息并分散式存储于区块链上，实现信息流在链上的“一物一码”。此时，需要将物联网设备数据上链，用区块链结合 RFID、二维码、GPS 等物联网技术，实时追踪货物运输路径并采集其位置数据。此方法将在后文详细描述。

5.2.1.3 货物内地出库信息上链

通过扫码识别或人工录入方式,将确认无误的经销商、批次号和内地物流快递单号记录到企业的ERP系统,同时记录在区块链上,完成出库信息上链。

5.2.1.4 物流内地中转信息上链

物流人员按照出库信息核对每个快递单在中转后,对应的货物批次单号是否与出库时保持一致。如果一致,则确认中转信息,中转信息将会保存到平台中;如果不一致,则重新录入对应的批次号,经生产商等多方确认后,才能完成批次号变更。

5.2.1.5 物流入关港口和海关信息上链

将货物达到的港口、航运运营商、承运人信息、海关信息如实上链,增加海关系统校验流程。海关根据链上货物在报关前的溯源信息,来对审单进行交叉法验证与风险识别,提升海关对风险的精准把控,实现全流程一体化通关。

5.2.1.6 境外经销商收货信息上链

境外经销商收到货时,境内经销商登录用户端(如微信小程序),同时系统根据登录的经销商身份自动查询出本次需要收货的快递单号、货物批次号、商品数量信息。经销商对货物进行抽样核对,确认收货,完成收货信息上链。

5.2.1.7 跨境物流信息溯源查询及关税自动结算

海关等监管单位通过用户端扫描批次号,即可查询该批次号货物从生产出库到跨境运输至境外这整个周期的详细物流信息,并利用跨境物流区块链协同完成报关、清关、保税、退税等业务。以区块链上记录的物流信息与运输证明为货物可信来源,报关时增加海关系统校验流程,通过遍历链上报关货物的所有运输凭证数据来校验报关单据,提高通关效率,降低清关审核成本与风险。同时,将校验结果记录于区块链上,支撑货物后续的保税、退税业务。

5.2.2 系统技术架构

基于区块链的跨境供应链溯源系统涉及以下三个部分:

一是溯源信息采集及录入设备,包括 RFID/条码二维码识别/视频识别/生物识别设备、温度湿度传感器、GPS 装置、条形码/二维码/RFID/NFC/ZigBee 标签、移动终端的小程序/H5/APP 等。

二是商品溯源管理平台,该平台负责识别码管理、用户身份与权限管理、区块链节点管理、信息上链、文件存证、链上数据溯源查询、溯源统计等。

三是溯源信息第三方应用系统,包括供应链企业 ERP 系统、物流业务系统、银行业务系统、GPS 定位系统等。

在技术架构上,基于区块链的跨境供应链溯源系统分为感知层、基础层、区块链核心层、服务层、用户层,如图 5-3 所示。

用户层	应用支撑服务	商品溯源门户	物流存证门户	物流共享门户	供应链协同门户	报关缴税门户
服务层	基础服务	接入服务	账本管理服务	节点管理服务	验证服务	合约管理服务
	应用支撑服务	溯源服务	权限服务	4A服务	流程服务	身份管理服务
区块链核心层	扩展组件	多链管理	跨链共识	数据索引	节点准入与协作	
	核心组件	分布式账本	共识机制	智能合约	隐私保护	加解密身份
基础层	基础资源	商品信息	用户信息	物流信息	贸易信息	报关信息
	基础设施	弹性存储	P2P网络	分布式计算	Docker与CVM	
	基础网络	移动通信网	M2M无线接入	卫星通信网络	移动与固网融合	
感知层	传感器组网	传感器中间件	信息协同处理	自组网技术	低速/高速短距传输技术	
	数据采集	RFID	条码/二维码	传感器	生物识别	多媒体

图 5-3 基于区块链的跨境供应链溯源系统技术架构

感知层为物联网的核心技术,封装了传感器组网和数据采集装置。通过传感网络采用二维码标签和识读器、RFID 标签和读写器、摄像头、GPS、传感器、M2M 终端、传感器网关等来感知和采集环境或物体的准确信息。

基础层封装了基础资源、基础设施和基础网络。其中,基础资源包含商品信息、用户信息、物流信息、贸易信息、报关信息等数据资源,支撑系统各业务的正常运行。这些资源存储在云端,使系统存储容量能够弹性伸缩至 PB 规模,具备可扩展的性能。将云中记录的数据块进行哈希运算,将哈希值存储在区块链中,就不需要区块链节点拥有海量的存储空间。一旦内容被修改,所对应的哈希值也会发生改变,与区块链中的哈希值不能匹配,确保了内容的不可修改性。数据库可采用 leveldb、couchDB 等。基础设施包含弹性存储、P2P 网络、分布式计算、Docker 与 CVM。区块链网络中的节点之间通过 Gossip 协议来进行状态同步和数据分发,智能合约运行在隔离安全 Docker 容器中。基础网络结合远距离连接技术(如 GSM、UMTS 等)和近距离连接技术(如 ZibBee、Blue Tooth、Wi-Fi、UWB 等)实现跨境商品产业链内人、物、系统间的通信,通过读写器及网关、通信系统和网络接入设备将数据采集层获取的信息高质量地、安全地传输到本系统的商品溯源管理平台,实现海量数据传输共享,实现商品品质信息在广电网、通信网和其他专用网安全高效地互联互通。

区块链核心层封装了核心组件与扩展组件。其中,核心组件包括分布式账本、共识机制、智能合约、隐私保护、加解密身份等模块。这些模块支持数据经过特定共识算法被多节点验证后,以数据区块的形式同步记录于分布式账本,并基于账本数据触发预置的合约行为。扩展组件包括多链管理、跨链共识、数据索引、节点准入与协作等模块。这些模块主要对跨境物流联盟链内的多个单链、组织成员的身份与该节点准入机制进行管理。

服务层封装了基础服务和应用支撑服务。其中,基础服务包括接入服务、账本管理服务、节点管理服务、验证服务和合约管理服务,主要是为上层商品溯源业务系统及用户层提供跨进程调用与数据访问；应用支撑服务包括溯源服务、权限服务、4A 服务、流程服务和身份管理服务，主要支撑业务系统中的身份认证、授权、记账和审计管理服务。

用户层是面向用户的入口，封装了商品溯源门户、物流存证门户、物流共享门户、供应链协同门户和报关缴税门户。通过该入口，用户可以与区块链服务进行交互，执行货物溯源、物流单据存证、物流信息共享查询、缴纳关税、提货等功能。各门户可以通过客户端（如微信小程序）接入。

5.2.3 供应链数据上链方式

目前供应链上的大部分企业仍依靠 ERP 进行供应链管理，每个企业维护自己的 ERP 系统，无法做到信息在供应链网络中的互联互通。我们希望通过区块链打通企业间的 ERP 系统，并保护商业数据在网络中传播的安全性和私密性，这是用区块链优化供应链管理的核心思路。在这个基础之上，用智能合约提升供应链管理效率，防范违约风险，建立互信共赢的供应链环境。图 5-4

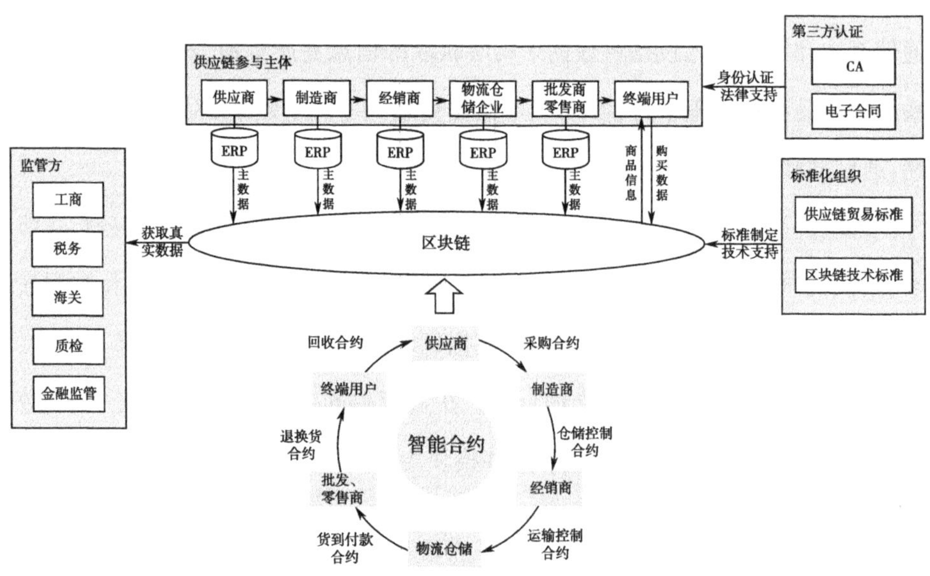

图 5-4 供应链数据上链及合约执行

给出了供应链管理的区块链解决方案[3]，它包括四个组成要素：第一个是供应链的各个参与主体，包括供应商、制造商、分销商、批发商、零售商、终端用户等；第二个是具备资质的第三方CA认证机构，为身份认证、电子合同认证提供法律支持和保障；第三个是标准化组织，为整个供应链管理平台的运营制定标准，如供应链贸易标准、区块链技术标准；第四个是监管方，包括工商、税务、海关、质检等政府监管机构。在这里，应该还有第五个要素，即供应链管理平台的运营方。它可以是专门的区块链技术公司，也可以是核心企业（制造商或零售商），或两者的联合，因此不单独列出。如果供应链上有融资需求，就要在供应链参与主体中加入资金供给端（商业银行、保理商等金融机构），构成供应链金融。

围绕某个核心企业的供应链都有其特定的参与主体，主体身份需要经过认证才能加入（而不是任何人都能加入），信息通信也应该在供应链主体间进行，而不是公开的，因此我们采用联盟链的方式来构造区块链平台。对于每一个参与者来说，都要经过身份认证→数据上链→定制并签订智能合约→自动执行智能合约，最终完成供应链相关业务。

如图5-5所示，供应商、制造商、销售商相互之间发生交易时，将与合作企业相关联的主数据标准化后，从其ERP系统中抽离出来，并通过Hash计算保存到区块链上。这里的主数据包括三类：第一类是和交易相关的产品数据，如商品名称、型号、生产日期、价格、特征等；第二类是和交易相关的供应商数据，如供应商的名称、编号、区块链地址等；第三类是和交易相关的客户数据，如客户名称、编号、区块链地址等。这些主数据经过Hash运算后，形成唯一的区块链标识并被记录在区块链上。区块结构和形成过程如图5-5所示，Hash计算的原理在这里不再赘述。需要注意的是，区块链上只有主数据的Hash地址，而不存储主数据本身。联盟链的成员虽然可以轻松访问这些地址，但无法随意查看这些地址所代表的实质性内容。主数据依然存储在各个企业的ERP系统中，只对特定权限的用户开放（可用智能合约自动授权）。但是，一旦用户通过区块链地址获取了这些数据，区块链可以保证他们看到的数据一定是原始的、未经修改的。

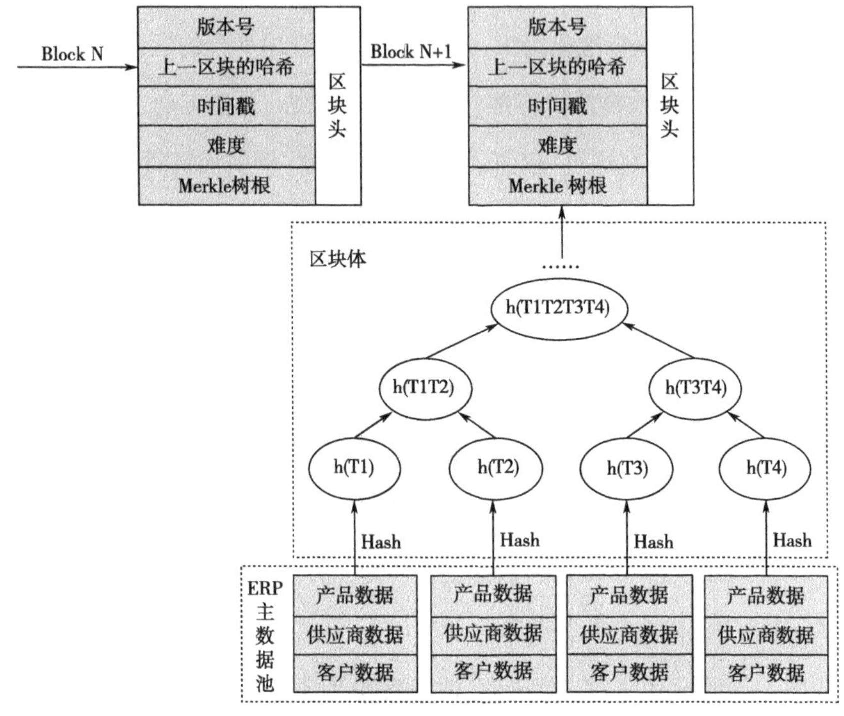

图 5-5　区块结构

在跨境贸易活动中，商品的注册登记、入库登记、出库发货、物流登记、收货确认、查验商品、生产加工、物流、销售等环节所产生的信息上链步骤如下。

5.2.3.1　注册登录

用户可以通过移动终端的小程序/H5/APP 自行进行身份注册，注册角色包括生产加工人员、入库人员、发货人员、稽查人员、成品仓管理员、物流人员、经销商人员、海关安检员等。用户基于所属组织、姓名、手机号、身份证等信息发起身份注册，待联盟链管理员审核或各组织成员投票通过后，可成功登录客户端进行业务操作。由联盟链管理员或各组织成员主动增加的相关业务人员可直接登录移动终端的小程序/H5/APP 进行业务操作。

5.2.3.2 生产登记

生产加工作业人员在商品经过生产加工流水线的过程中,运用各类编码体系将商品的原材料产地信息、商品相关信息(包括商品类别、系列号等)、企业相关信息,写入集成了温湿度传感功能的 RFID 标签中。同时,基于商品的 Ecode/GS1/OID/EPC 等身份编码生成唯一的数字身份,实现商品在区块链上的“一物一码”。在商品装入物流单元时,在物流单元上贴上此 RFID 标签。

5.2.3.3 入库信息登记上链

对于大量多批次生产的商品,在包装完毕后由入库人员执行入库登记。入库人员通过移动终端提交入库信息,包括商品名称、商品规格、商品数量、垛号、商品单位、起始批次号、截止批次号、备注等字段,其中批次号可通过 OCR 扫描自动识别。在移动终端可以查阅录入的多条入库信息。入库信息分布式存储于区块链上,链上信息包括上链时间、所属区块、交易哈希、区块哈希等字段。

5.2.3.4 发货信息登记上链

当企业接收到销售订单后,发货人员通过移动终端进行出库发货。发货人员在客户端展示的发货列表中选择一个发货单进行关联发货(可以通过发货单编号或经销商名称查询发货单),然后根据发货单里的应发商品种类等信息将发货单关联已登记的商品批次号,并确认应发发货单信息和关联发货商品批次信息是否一致,若确认一致,则确认提交发货。发货人员可查看自己所有的发货记录信息和发货记录详细信息,包括发货单编号、发货时间、发货人员、经销商名称、经销商地址、备注。发货信息分布式存储于区块链上,链上信息包括上链时间、所属区块、交易哈希、区块哈希等字段。

5.2.3.5 出库信息登记上链

商品出库时,在库房门口放置阅读器读取 RFID 标签传回的温湿度信息和记录在内的作业信息,同时上传到生产系统。当阅读器上的 GPS 装置感应到

RFID 标签与阅读器之间的无线电波传输时,通过确认 RFID 发出的信号来进行定位,并且将此时的位置信息上传到制造商/生产商的 GPS 系统中。生产系统和 GPS 系统将各自的信息经哈希加密后上传到区块链。

5.2.3.6 物流信息登记上链

商品在出库装车时,作业人员用手持终端扫描包装箱上的 RFID 标签,查询生产加工环节的温湿度信息、免疫检疫、作业信息等,确认商品存储环境与质量是否合格。若合格,则用客户端扫描发货单进行物流信息登记;若发货单状态为未出库发货或已收货的,扫描发货单时给出相应提示,确认是未出库的商品则开始装车。紧接着,物流人员手持终端将装车作业的相关信息更新到电子标签中,并读取此时的温湿度信息,一并读取装车作业信息和温湿度信息加密上传到物流系统;同时手持终端上的定位器感应到无线电波,确认 RFID 发出的信号,并将位置信息上传到物流企业的 GPS 子系统中,防止随意卸货、换货和以次充好等不良现象。物流人员填写相关物流信息和地址信息确认物流登记操作,信息包括物流人员姓名、电话、所属公司、物流揽收定位地址、揽收时间、物流快递单号、操作方式(包括专车运输、拼车运输、中转运输)、备注等。物流信息分布式存储于区块链上,链上信息包括上链时间、所属区块、交易哈希、区块哈希等字段。

运输过程中,车厢内安装的温湿度感应器每隔一段时间就自动测量车厢内的温湿度,并将其信息上传到物流业务系统中。同时,GPS 装置通过确认 RFID 信号来定位,并将位置信息上传到物流企业的 GPS 系统中,防止车货分离等不良现象。运输过程中的温湿度信息分布式存储于区块链上。

5.2.3.7 收货信息登记上链

商品运送到指定地点后,收货人员手持终端扫描商品或其运输箱上的 RFID 标签,查询商品在生产加工、出库、装卸搬运和运输各个环节的温湿度信息、位置信息和相关作业信息,确认合格后开始收货,并将收货入库相关的作业信息更新到电子标签中。在收货入库过程中,可以由入库人员用终端扫描RFID标签进行相关作业与位置信息采集,也可以由库房门口的阅读器自动读取RFID标签,查询到作业信息和温湿度信息,并上传到物流子系统中。同时,阅读器上的定位器感应到无线电波,并将位置信息上传到物流企业的GPS系统中。

若当前物流为最后一个物流节点,即收货人为经销商时,经销商查验商品批次号与发货单关联的批次号是否一致,并检验商品质量是否合格,查验通过后确认收货,此时最后一个物流节点的确认送达时间和送达地址即为经销商的收货时间和经销商地址;若查验不通过,将商品批次号反馈给制造商/生产商的稽查人员,执行稽查作业。若当前物流不是最后一个物流节点,则由收货人员进行商品入库信息的更新与上链。

5.2.3.8 销售信息登记上链

商品在销售上架前,由销售人员手持终端扫描查询商品在之前各环节的相关作业信息、质检信息、温湿度信息、位置信息等,确认合格之后开始上架销售,更新标签上的相关拆包、上架等作业信息,并上传到区块链系统;同时,定位确认RFID发出的信号,将位置信息上传到销售企业的GPS系统。

5.2.3.9 稽查信息登记上链

稽查人员手持终端扫描RFID标签或拍照识别商品批次号,对该商品相关的入库、发货、物流、收货等各环节的详细信息及相关上链信息进行查验。稽查人员的每次查验行为记录于区块链上,查验记录详情信息包括上链时间、所属区块、交易哈希、区块哈希。

5.2.4 跨境供应链溯源方法

利用区块链上的跨境贸易数据,可以进行货物跨境物流溯源。图5-6以澳门进口内地生产商的货物为例,给出了跨境供应链溯源方法的流程。图5-7给出该流程各个环节的上链数据文件。

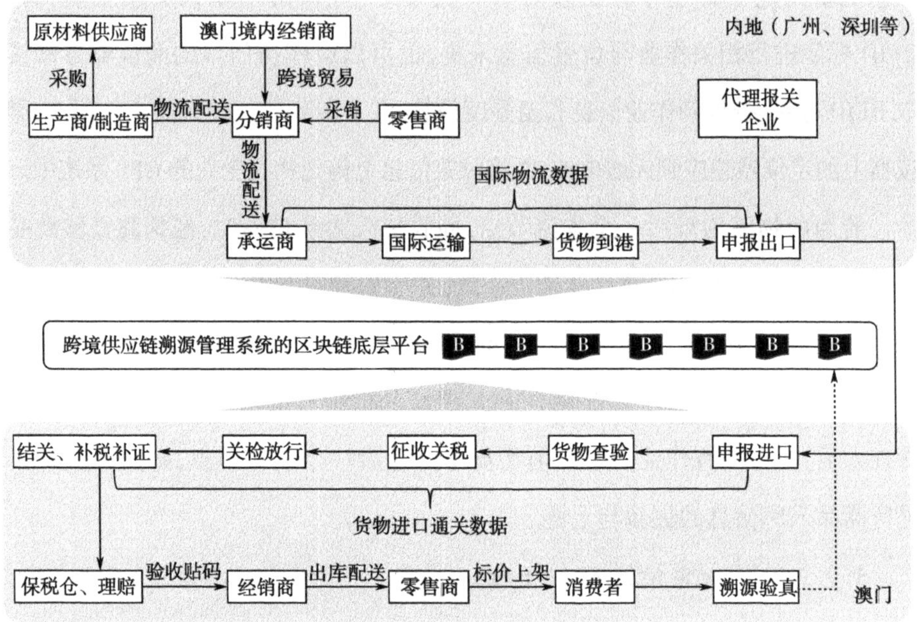

图 5-6　基于区块链网络的跨境供应链溯源流程

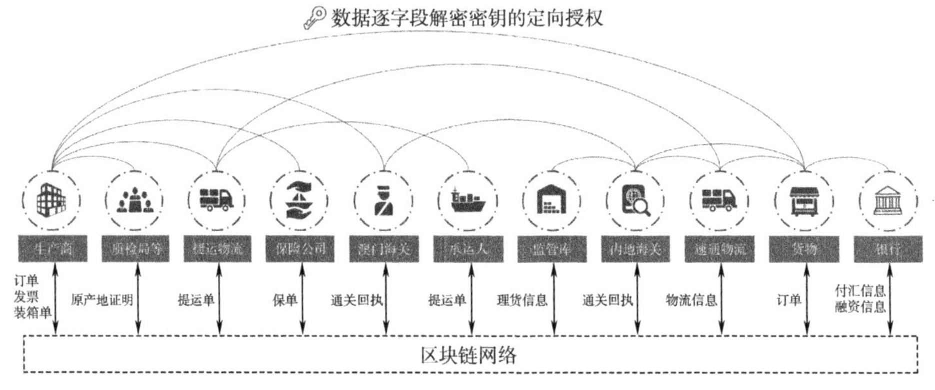

图 5-7　跨境贸易各环节的上链数据文件

第一，澳门进口商 A 与内地生产商 B 谈判达成一项贸易协议，将该电子协议信息基于数据标准体系写入粤港澳跨境物流联盟链的分布式网络账本（即“信息上链”），同时授权给内地生产商 B（写入账本的信息默认为已加密的信息，仅数据所有人和被授权的主体方能解密读取明文信息）完成电子签名，在区块链上完成存证，以防任何一方进行篡改。

第二，内地生产商 B 生产了一个批次的货物。生产商从质检局或中国国际贸易促进委员会原产地认证申报系统申请并获取了原产地认证。该委员会将原产地认证的电子信息完成上链，并授权给澳门进口商 A。该委员会作为组织节点加入粤港澳跨境物流联盟链，在区块链网络中拥有由国际认证公司所签发的 CA 证书，任何被授权查询的实体均可通过验签明确该份原产地证明的官方属性。

第三，澳门进口商向内地生产商下达了货物采购订单，意欲订购上述批次的货物。内地生产商将该订单的电子信息完成上链，并授权给澳门进口商。

第四，内地生产商基于该采购订单在其企业内部 ERP 系统中制作了销售订单，并完成发运，继而制作了商业发票和装箱单。生产商将发票和装箱单信息完成上链，并将其连同原产地证明一并授权至货运代理商捷运物流。

第五，捷运物流基于商业发票和装箱单信息完成了订舱等一系列的物流安排，并制作了提运单。捷运物流将提运单信息上链后授权给内地生产商。

第六，内地生产商向保险公司投保了货物运输险，并获取了保单信息的授权。

第七，澳门进口商从货物生产商处获得全套电子贸易单证的授权，并转而授权至澳门海关及货运代理服务商速通物流。

第八，捷运物流基于被授权的发票、装箱单、原产地证明以及自有的提运单信息自动生成了一份出口报关单并通过内地海关（如拱北海关）申报系统完成申报。同时，将上述所有单证的电子信息授权给内地海关。

第九，内地海关基于电子随附单证对该笔出口申报完成了审核，放行了该笔业务。

第十，跨境承运人更新启程状态后，触发区块链网络中的智能合约。智能合约基于速通物流所获取的全套贸易单证电子信息，自动生成了一份进口报关单证,同时通知速通物流货物当前的物流状态并提示其做好进口申报的准备。

第十一,速通物流通过单一窗口完成进口申报后,澳门海关的自动审核程序根据电子随附单证的信息对进口报关单中的信息完成了多维度的交叉验证,确认了该笔业务的贸易真实性并将其判定为低风险业务,最终给出预清关的处理意见。

第十二,货物抵港并完成理货操作后,迅速完成通关。

第十三,澳门进口商将全套贸易电子单证连同澳门海关授权的通关证明一并授权至银行等金融机构(如事先约定的内地银行、保理商等)并提出贸易付款的融资申请。银行调用预设的零知识证明程序在区块链网络中证实了货物尚未基于该笔贸易业务通过其他银行获取过贸易融资服务(其他银行出于商业利益保护的原则不会向银行透露任何客户及相关金融业务的信息)。货物或与其关联的应收账款通证化,在链上映射为数字资产,该资产可拆分、可流转、可兑付。

第十四,当该金融机构为银行时,银行内的风控系统基于上述完备的贸易信息对该笔融资申请给出了低风险的评级结果,最终中国银行以非常优惠的条件快速发放了该笔贸易融资款项。当该金融机构为保理商时,保理商可以将该数字资产转让给区块链网络中的第三方金融机构,来帮助企业融资。以此种方式,多个不同的区块链平台将逐渐联通,各国海关、金融机构等政府部门也将联合推动这一进程,共同构建互联互通的可信区块链网络。

5.2.5 关税结算智能合约与"一站式"海关服务

利用区块链上的智能合约,可以加强海关对关税的征收与反避税,强化物流及货物通关安全。本节给出了利用智能合约进行关税结算,以及"一站式"海关服务的方法。

5.2.5.1 利用智能合约完成关税结算

海关审单前,审核链上的交易信息与交易验证机制,利用联盟链上的金融风控数据进行风险识别;审单后,利用链上的报关信息开展事后稽查与信用评分,从而帮助海关提升效率和效益。

图 5-8 显示了利用智能合约进行税费结算的流程。智能合约中定义的规则如下:

关税=完税价格×关税率

增值税=(完税价格+关税)/(1-增值税率)×增值税率

消费税=(关税+增值税+完税价格)×消费税率

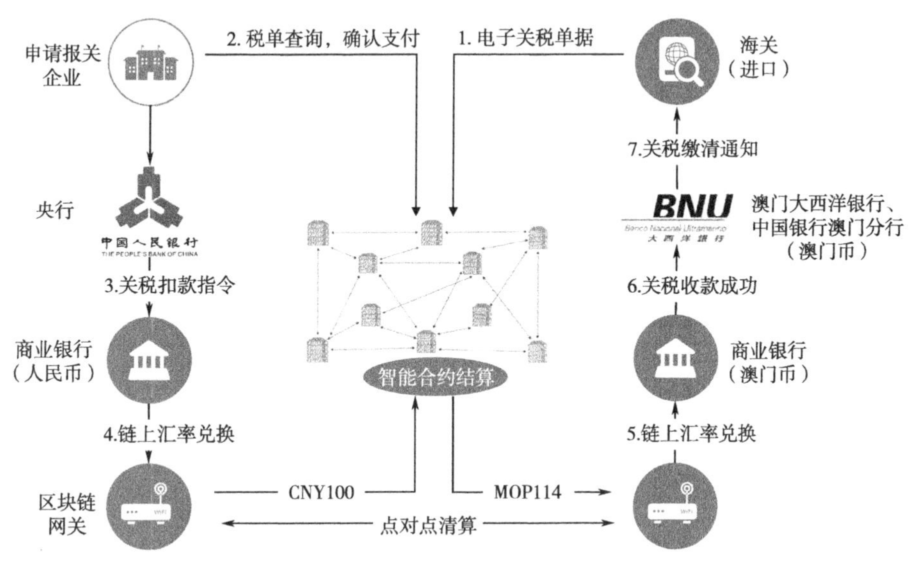

图 5-8　利用智能合约自动结算关税

5.2.5.2　区块链的海关服务

利用区块链技术,把货物的贸易运输交易记录于分散式账本上,并将关税与增值税等税费计价规则编写为代码化的智能合约,将 DDU(未完税交货)与 DDP(完税交货)等条款、多币种汇率转换规则作为合约触发条件,一旦境内与境外贸易双方之间签订某个条件,且链上货物追踪已运输至指定的港口,则自动执行货款兑换与关税缴纳,税款可以从支付款中分离并直接缴纳给海关或政府(实际上,就是将一部分货款直接支付给销售方,另一部分货款按关税税率扣缴至银行,再由银行解缴给海关当局),确保税款计算和付汇程序的自动化,降低关税缴纳成本,提高交易数据的可视性。

5.2.5.3 区块链上的"一站式"海关服务

如图 5-9 所示,一方面,区块链将货物在整个物流中发生的位置转移和所有权变更都记录下来,让相关部门在链上核验货物来源及流向,加强海关对关税的征收与反避税,让货物通关安全合法;另一方面,通过区块链上的"一站式"海关服务,企业可以利用链上数据"自证清白",不需要提交额外的纸质材料。

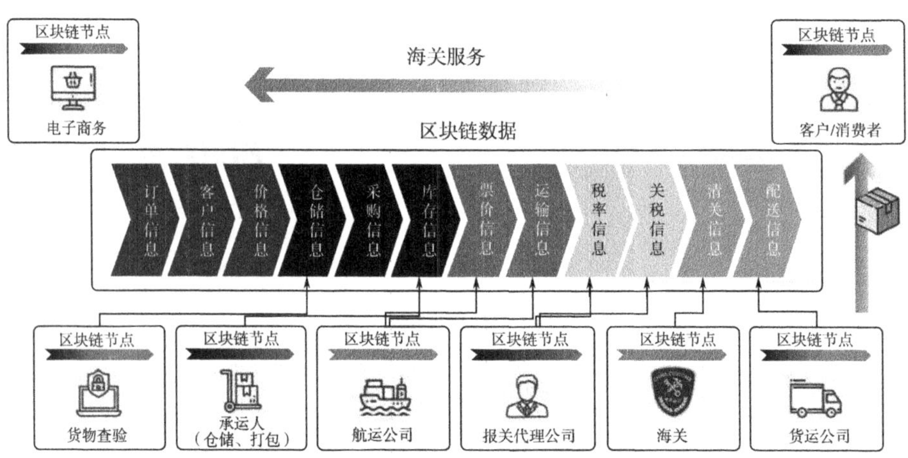

图 5-9 基于区块链的报关服务流程

5.3 痛点问题及应对策略

5.3.1 供应链上物联网设备的身份管理问题

在跨境供应链溯源过程中,需要使用手持终端等物联网设备扫描商品的条码以获取商品信息,还需要集成一些传感装置以获取货物的状态信息。例如,将统一的 EPC 编码标识等身份标识植入商品中,在商品的加工、包装、仓储、运输、配送等过程中安装读写器,识别商品物流各环节的信息,并读取或标识商品的质量信息、温度信息等;利用无线传感器、有线监控设备、信息输入终端实时采集储运、加工、销售等信息。因此,我们需要对这些物联网设备的身份进行管理,保证“一物一码”、数据从源头可信上链。然而,在跨境供应链上,众多的物联网终端分布于境内外的各个贸易环节,难以进行集中式的统一权限管理,因此我们采用了区块链对物联网设备进行分布式管理。该方法具备普遍性,可推广至一般物联网设备的访问控制。和集中式的身份管理比较起来,使用区块链避免了对第三方身份认证服务器的依赖,可以解决“单点故障”或“单点信任”问题。

我们将物联网设备的持有者称为用户,物联网设备连接到客户端,用户对其物联网设备的 IP 地址是已知的。区块链管理员部署一条联盟链,用于物联网设备的注册和管理。首先,用户注册一个区块链账户,注册成功后,联盟链为其生成公钥/私钥。和一般的区块链一样,公钥公开,私钥由用户自己保管,或者在用户私钥库中保管。在联盟链上部署一个用于物联网设备身份认证的智能合约,这个合约可以是联盟链的管理员部署的,也可以是用户自己编写和部署的。物联网设备身份认证和访问控制的过程[10]如图 5-10 所示。

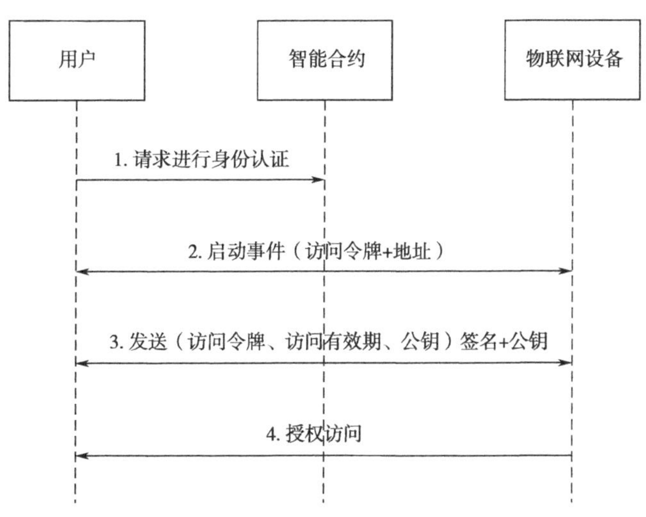

图 5-10　物联网设备身份认证和访问控制流程

步骤1:授权请求。首先,物联网设备持有者或管理员在区块链上部署一个登录管理合约 contract Login,该合约声明了包含物联网设备的持有者、哈希地址、原始令牌、随机数等信息的消息,并定义了授权用户的列表,同时定义了登录方法 login_admin。当其他用户想要访问该设备时,需要先发送请求,进行身份验证。算法如下:

```
contract Login   //登录管理合约
Declare Private owner,hash,token_raw,random_number//声明设备持有者、哈希地址、原始令牌、随机数
owner=msg. sender;  //授权用户列表
End Constructor
Private Function login_admin( )   //登录方法
IF msg. sender= =owner     //如果消息发送者为授权用户
set random_number=random(1,100);  //生成1~100内的随机数
set hash = keccak256 ( msg. sender, now, random _ number );  //利用keccak256算法生成包含用户地址、时间戳、随机数在内的hash令牌
trigger even LoginAttempt(msg. sender,hash);  //触发尝试登录事件,将令牌和经过身份验证的用户的地址发送回物联网(IOT)设备和用户
Endif
End Function
End Class
```

步骤2:启动登录事件。用户使用其区块链地址来调用智能合约的登录方法 login_admin,该方法不需要任何参数,但只有授权用户才能调用它,因为智能合约会对消息发送者的区块链地址进行验证。如果验证通过,则使用函数 rand 创建一个随机哈希值;然后通过对用户的区块链地址、时间戳和随机数进行哈

希运算来创建令牌;之后,将启动一个事件,将令牌和经过身份验证的用户地址发送回 IOT 设备和用户,以继续进行下一步骤。

步骤 3:用户和物联网设备之间的交互。如果访问者的身份有效,则智能合约会广播其访问令牌和发送者的区块链地址,用户和物联网设备从智能合约接收广播的信息,以此将两者连接在一起。令牌的制作方法为使用 keccak256 算法对用户地址进行哈希处理,验证所得哈希值的最后 40 个字节与智能合约事件中收到的地址是否一致。若一致,则运行智能合约脚本生成如下消息:

$$message=[token+src\_ip+Auth\_dur+PubK] \tag{5-1}$$

其中,token 为从智能合约收到的令牌,src_ip 为用户的 IP 地址,Auth_dur 为访问物联网设备的有效期,PubK 为用户的公钥。

步骤 4:发送签名。用户使用私钥对包含访问令牌、用户 IP 地址、访问有效期和公钥的消息进行签名,然后与相应的公钥组成身份验证包(见式 5-2)一起发送到物联网设备。如有需要,可以对身份验证包进行加密。

$$verifier=message+Signature+PubK \tag{5-2}$$

其中,verifier 为验证包,Signature 为用户签名,PubK 为用户的公钥。

步骤 5:验证身份,授权访问。物联网设备通过客户端连接到步骤 1 中部署的智能合约,并对事件进行监听。事件发生时,调用智能合约脚本获取用户的身份验证令牌和已验证通过的用户地址。脚本等待接收用户的身份验证数据包,收到后进行以下验证:(a)验证包和消息的格式是否与式 5-1 和式 5-2 一致;(b)使用式 5-2 中的公钥检查消息签名是否一致;(c)式 5-2 中身份验证包的公钥是否与式 5-1 消息中的一致;(d)消息中的令牌是否与智能合约中的令牌一致;(e)消息中的 IP 地址是否与身份验证包发送者的 IP 地址一致;(f)通过对消息中的公钥进行哈希处理并获取最后 40 个字节,是否与智能合约中的用户地址一致。所有验证都通过后,物联网设备会在指定的有效期内向用户 IP 授予访问权限;否则,只要这些验证中的任何一个失败,则丢弃该访问请求,释放该物联网设备的计算资源。

5.3.2 跨境贸易文件的真实性问题

区块链可以保证上链后的数据不被篡改,但对上链前的数据不具备管控能力。如果数据在上链前就被篡改过,那么区块链上存储的数据也不具备真实性。因此,应该避免数据在上链前的人工干预,提取跨境贸易各个环节形成的电子/纸质文件的原始数据,实时进行链上存证,同时由公证机构保障链上文件的法律效力。

5.3.2.1 电子文件及交易数据的链上可信存证

我们利用区块链技术对跨境供应链上形成的电子文件和交易数据执行实时存证和公证,只有公证后的文件才能被海关等权威节点核验。将电子合同及货物跨境运输过程中产生的各类物流证据保全在由司法鉴定、公证等权威机构加入的联盟链上,为后续的证据核实、纠纷解决、裁决送达提供可信、可追溯、可证明的法律保障。

如图 5-11 所示,在公证节点的监督下,对跨境贸易中涉及的电子合同和商业文书进行全流程存证。每步操作合同文件(新建、审批、签订)都使用加密算法生成与文件对应的防伪码(数字指纹),审批合同之前会自动与存在区块链中的防伪码进行对比验证,确保每一步内容都是未篡改的。每笔跨境支付、纳税交易也都经过共识在链上实时存证,以保证事后可追溯、可审计。

5.3.2.2 纸质文件的链上可信存证

除了电子文件和交易数据,跨境贸易供应链活动中还会产生纸质的合同、票据及凭证。对于这些纸质文件,我们采用 OCR(光学字符识别)技术对其进行自动识别并电子化,将纸质的原始凭证转化为结构化的 .xml 电子数据。目前

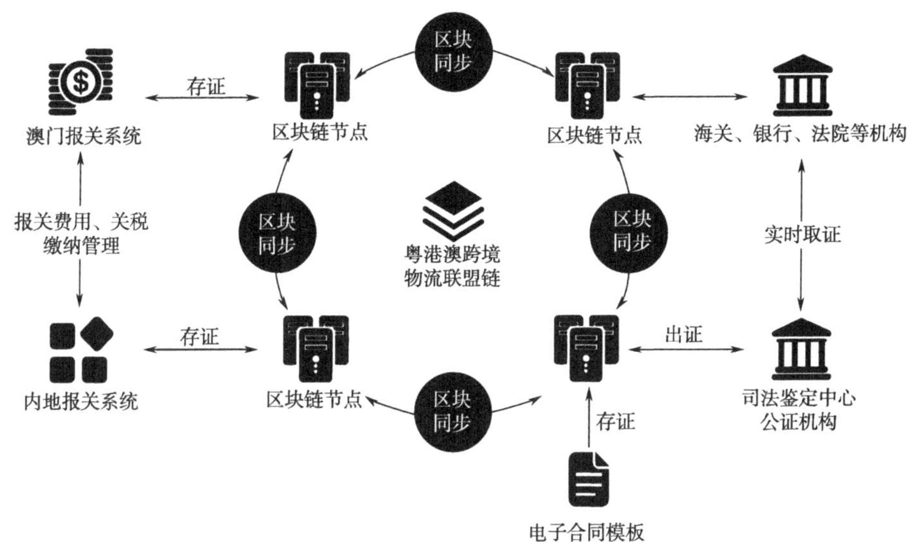

图 5-11　电子文件在链上的实时存证与公证

OCR 技术已十分成熟,识别正确率早已达到商用标准,这样纸质文件就可以如同电子文件一样在链上进行存证,同时减少人工干预。

在图像采集上,为便于获取,可以采用移动设备的摄像头。纸质文件电子化的总体流程如图 5-12 所示。首先,接收移动端传入的纸质文件图像,对图像解压、预处理后进行 OCR 识别;然后,调用文件分类器对不同类别的文件进行自动分类,并对成功分类的文件调用专属弹性模板进行版面分析,以确定识别出的字符的具体含义;最后,对识别结果进行结果校验,并输出 .xml 格式的结果文件。

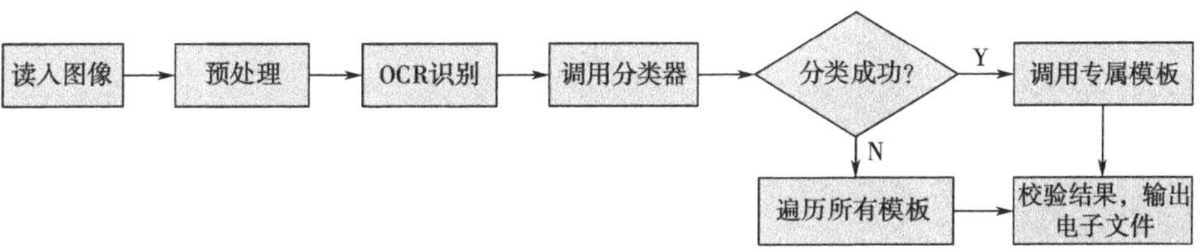

图 5-12　纸质文件上链前的电子化过程

5.4 本章总结

本章针对跨境贸易中存在的问题,提出了一种基于区块链技术的跨境供应链溯源方法,主要贡献在于:

第一,用区块链管理供应链上的物联网设备。用区块链结合 RFID、二维码、GPS、传感器等物联网技术,实时追踪货物运输路径并采集其位置数据,实现跨境货物"一物一码"。在物联网设备的身份管理上,使用区块链分布式管理方式,避免了对第三方身份认证服务器的依赖,解决了"单点故障"或"单点信任"问题。

第二,供应链数据、跨境贸易文件上链。利用区块链技术对跨境货物供应链上形成的电子/纸质文件和交易数据执行实时存证和公证,为后续的证据核实、纠纷解决、裁决送达提供可信、可追溯、可证明的法律保障。

第三,链上数据相关性分析。利用货物在链上的物流、仓储、调度、合同数据的相关性进行交叉验证,实现货物跨境的物流溯源。

第四,用智能合约完成跨境贸易的关税结算和缴税退税。利用区块链上记录的业务过程票据信息,将结算规则代码化,完成自动结算。利用智能合约结算税费,在联盟链应用平台上直接缴税,替代税款预扣环节,简化缴税流程。

由于商业竞争及政治复杂性,很难实现通过单一的区块链溯源系统覆盖全球所有跨境贸易产业,因此还需要推进全球认可的区块链溯源技术标准的制定,实现不同区块链平台的数据互通,构建全球范围的供应链溯源网络。

本章参考文献

[1]张冰. 区块链背景下跨境贸易的数字化创新[J]. 统计理论与实践,

2020(2):35-41.

[2]徐寿芳,章剑林. 基于区块链技术的“一带一路”跨境物流平台构建[J]. 物流技术,2018,37(7):56-61,124.

[3]鲁静. 区块链工程实践:行业解决方案与关键技术[M]. 北京:机械工业出版社,2019.

[4]郭媛媛,李赓,牟华. 跨境贸易区块链溯源数据上链方式研究[J]. 数字通信世界,2020(8):4.

[5]李旭东,王耀球,王芳. 区块链技术在跨境物流领域的应用模式与实施路径研究[J]. 当代经济管理,2020(7):32-39.

[6]Jabbar K,Bjørn P. Infrastructural grind:Introducing blockchain technology in the shipping domain [C]//Proceedings of the 2018 ACM Conference on Supporting Groupwork. 2018:297-308.

[7] Korpela K, Hallikas J, Dahlberg T. Digital supply chain transformation toward blockchain integration[C]//Proceedings of the 50th Hawaii international conference on system sciences. 2017.

[8] Nakasumi M. Information sharing for supply chain management based on block chain technology[C]//2017 IEEE 19th Conference on Business Informatics (CBI). IEEE,2017,1:140-149.

[9] Swan M. Blockchain: Blueprint for a new economy[M]. O'Reilly Media, Inc. ,2015.

[10] Vivekanandan M,Sastry V N,Srinivasulu R U . Blockchain based Privacy Preserving User Authentication Protocol for Distributed Mobile Cloud Environment [J]. Peer-to-Peer Networking and Applications,2021:1-24.

思　考　题

1. 目前的跨境供应链及跨境物流溯源存在着哪些挑战？

2. 结合区块链在跨境供应链溯源领域的应用现状，分析区块链技术可以优化跨境贸易的哪些方面，为什么？

3. 跨境供应链溯源联盟链由哪些节点构成？分别履行哪些职责？

4. 基于区块链的跨境供应链溯源系统涉及哪些部分？系统技术架构的各个层次分别起到什么作用？

5. 以跨境贸易活动的某个环节为例，简述供应链数据是如何上链的。

6. 举例说明利用区块链进行跨境供应链溯源的流程。

7. 如何保证跨境贸易文件的真实性？

6　基于区块链的企业内部模拟市场

学习要点和要求

1. 区块链在企业内部模拟领域的应用现状(了解)
2. 企业内部模拟交易的业务模型(掌握)
3. 内部模拟联盟链的构成(掌握)
4. 基于区块链的内部模拟信息系统的技术架构(了解)
5. 内模活动数据的上链方式(考点)
6. 使用区块链进行内部模拟交易的方法(考点)
7. 利用智能合约自动结算内模交易的方法和流程(考点)

6.1　背景与现状

6.1.1　企业内部模拟的现状

内部模拟市场是集团公司为强化全员经营意识、效益观念和投入产出意识,对集团公司各级非法人性质核算主体,包括分公司、其他分支机构、项目组、班组等(统称内部模拟市场主体),模拟市场化经营管理模式,实施全业务模拟市场化结算与核算,全口径模拟确认收入与成本,反映投入产出结果,评估经营管理与实现效益的管理模式。

内部模拟市场主体发生的直接面向用户的产品销售和提供服务的收入,可直接计入该主体的销售收入,无须模拟。面向集团内部单位发生的业务活动,原来只计成本费用,采用“内部模拟市场”这一管理模式后,就需要确认内部单位的收入、成本和费用,从而计算出内部模拟市场主体的利润。比较典型的例子是集团内部的信息管理部门为集团内部单位进行网络和电脑运维、人员培训等业务活动,之前并不将此类活动计入被服务内部单位的费用支出,也不计入信息管理部门的收入,无形中减少了被服务内部单位的成本费用,而网络和电脑运维只是作为一项部门工作,也不利于信息管理部门提质增效和投入产出意识的提升。

企业内部模拟市场以责任会计等理论为依据,将市场化运行机制引入企业内部,将内部各责任单位视为独立经营主体,以效率效益为导向,以内部利润为抓手,充分发挥市场“看不见的手”自主自发式引导与激励,通过模拟市场交易方式,运用价格与竞争机制,准确核算各单位的经营成效和价值贡献,将经营目标和经营压力传导到经营末端,引导各市场主体主动优化资源配置、改善经营活动、积极参与竞争,从而促进企业全面扩大效益空间、提高投入产出比、提升运营效率。

企业内部模式市场按照市场经济规律并运用市场机制和市场化手段,实行有偿结算,重构企业内部生产经营管理方式,用契约关系代替主从关系,用交换关系代替行政关系。生产者转变为经营者,被动完成任务转变为主动创造效率,树立经营、市场、效益、竞争意识。在内部模拟市场运行体系中,主要业务包括定量、定价、收入计算、成本计算、价值贡献计算等。企业内部模拟市场与企业员工绩效考核管理本质上紧密关联。

传统企业内部模拟市场里定量、定价过程“中心化、行政化”程度过高,交易参与方缺少达成共识的机制,定量审批层级多,定价过程不透明、信任度不高;收入、成本、价值贡献等计算过程实时性、自动化程度低,人工干预多,公允性低。具体来说,主要存在以下三个问题。

6.1.1.1 业务量难以准确、高效认定

根据目前内部模拟市场信息系统建设情况,服务提供方定期线下提交业务量及佐证材料给本单位、上级业务主管部门进行业务量的审核、确认,同步将业务量结果和佐证材料名称录入内部模拟信息系统中提交审批,佐证原始材料未上传系统。定量过程审核层级多、审核标准不透明、可追溯性差、信任度低,直

接影响业务的收入成本计算和交易主体价值贡献度计算。

6.1.1.2 定价过程中心化、行政化程度过高

业务活动中主要采用“直接取用市场交易价格”“参考外部市场定价”“比照市场成本定价”三种方法核定各单位的业务单价。定价过程存在三个方面的问题:一是定价方式中心化、行政化;二是交易双方缺少参与、会商机制,定价结果容易引起摩擦和争议;三是市场灵活性差,一次定价用3年。

6.1.1.3 结算过程审批层级多、工作效率低

业务活动的收入、成本、价值贡献等结算过程及结果在内部模拟交易信息系统(基于ERP开发的模块,以下简称“内模信息系统”)中实现,业务量是各业务收入、成本、价值贡献等计算的基础,业务量的形成需要经过多层行政审批才能实现,导致整个结算过程“中心化、行政化”程度过高,实时性差,人工干预过多。

区块链技术具有去中心化、信任成本最小化、不可篡改、可编程和集体维护等特性。区块链在为交易提供可信数据源的同时,也可对交易结果进行上链存证,能有效保障整个交易过程的可追溯性与可靠性。因此,有必要研究基于区块链的企业内部模拟市场系统的运行机制,提高企业内部模拟交易的关联数据分布式共享与结算效率。

6.1.2 区块链在企业内部模拟领域的国内外发展现状

目前,国内外工业企业和研究学者运用区块链来优化企业内部模拟的方法实践较少。典型实践案例是,2019年6月,国网湖南省电力公司联合远光软件股份有限公司研发首个基于区块链的内部模拟市场平台。该平台将区块链技术融合到内模业务中,通过数据中台(大数据中心)自动采集量价数据,同时将量价数据在区块链上进行存证;待到达结算周期后,将自动采集的业务量数据传给ERP内模系统,进行结算后,将结算结果、考核兑现结果进行上链存证。该平台主要通过区块链的数据存证,防止内模交易和佐证原始材料数据被恶意

篡改,增强双方交易信任背书,从而简化核算流程,降低企业运营成本,使量、价和结算公开、透明,减少人工干预。

有学者提出,在区块链技术基础上运用绩效管理工具,如平衡计分卡、关键绩效指标和目标管理等,搭建基于区块链技术的绩效管理实施验证和激励平台,将绩效管理过程和激励过程数字化,能够极大地提高资源利用效率和绩效分配的公平性,激发员工动力,实现绩效的最大化[1]。

卢新艳等引进区块链和智能合约技术,进行企业员工绩效管理的研究[2]。当预设的智能合约条件被触发后,智能合约将按照计算机代码,进行项目合同条款的编制,此时岗位工作员工便与企业生成了一种具备刚性合作能力的条约。在此基础上,计算机会根据企业内部现有资源,将可调度的资源分配给合作员工,员工需要按照项目与任务需求,履行其在企业中的义务与责任,当计算机识别到预设条件已完成后,便会将其代表性货币以数字代付的方式支付给员工。在企业进行员工年度绩效核查时,仅需要查阅员工代表性货币的所有值即可,此种方式更加适用于企业对员工绩效的有序管控。

伦敦政治经济学院教授 Hanaer Dsfenni 认为,快速发展的区块链技术为政府绩效评估提供了广阔的发展空间,区块链技术可以解决政府绩效评估中的过度中心化、高度权威化、评估主体单一化、评估指标泛化、评估内容固化和评估方法机械化等问题。为解决这些问题,国内学者提出基于区块链技术的干部绩效评价“利有公用链”和基于区块链技术的政府绩效评价“私有公用链”,以期推动政府绩效评价体系的科学化和规范化[3]。

6.2 基于区块链的企业内部模拟方案设计

6.2.1 总体业务模型

基于区块链技术建立的内部模拟信息系统,涉及的系统包括内部模拟信息系统、省级计量生产调度平台(以电力行业的工单业务为例)、大数据平台等。用户通过内部模拟信息系统对其进行访问、操作。内部模拟信息系统、区块链、大数据平台与专业系统的数据交换方式为:从各个专业系统定期抽取数据存储在大数据平台,在大数据平台端按照内部模拟业务要求完成业务量的组装并提供给内部模拟信息系统和区块链进行核算,交易数据在区块链进行自动存证,如图 6-1 所示。

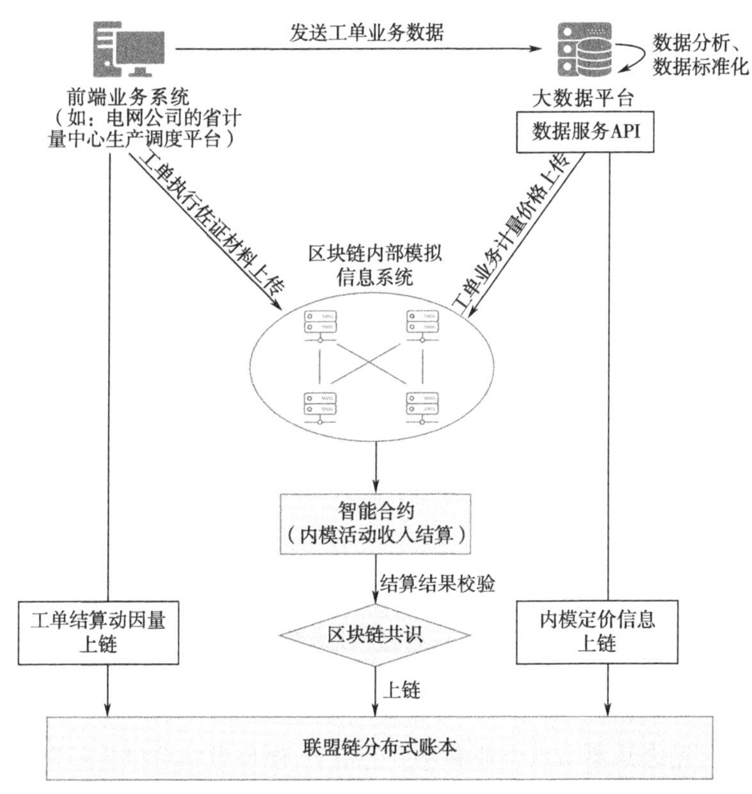

图 6-1 基于区块链的内部模拟活动交易和结算的总体业务流程

该系统采用联盟链的部署架构(如图 6-2 所示),各职能部门(人资部、财务部、物资部、营销部等)、各地市公司、服务中心等,经授权后都可以作为联盟成员加入区块链网络中参与内部模拟交易,实现交易共同可信记账和业务全流

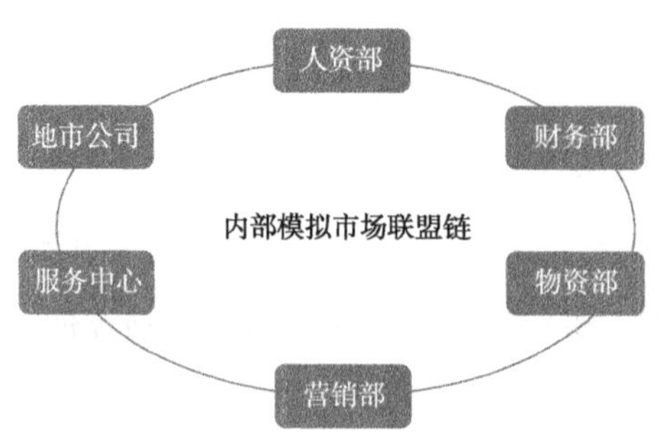

图 6-2　内部模拟市场联盟链

程监管。采用联盟链方式部署,将内部模拟市场业务参与方所属的一级部门,以及省公司负责内部模拟市场建设的人资部、财务部定义为区块链组织节点,这些组织节点组成内部模拟市场联盟链,对业务执行进行相互监督,并对特定的业务进行背书。

依托这种联盟式节点部署,系统可以实现对内部模拟交易所需的数据一点录入、多点共享。其中,数据可以从业务系统源头接入,也可以从企业数据中台接入,区块链记录每个数据上链的行为,经办人(系统)无可抵赖;针对每个业务活动配置背书策略,该业务活动按照背书策略结算;业务双方可以基于区块链开展点对点交易,并由区块链内部模拟系统结算,无须行政化审批,可信任且交易即结算。此外,业务结算规则以智能合约编程后部署在区块链上,可实现交易主体点对点的直接交易,有效提升交易效率。

6.2.2　系统技术架构

利用区块链构建内部模拟信息系统,技术架构主要包括六个层次,从下到上依次如图 6-3 所示。

物理层:用来采集节点企业和员工的信息,硬件设施可以为用户公私钥提供安全的存储环境。

数据层:主要对区块链上的数据进行存储。数据结构采用区块链,使得数据不可篡改、交易可追溯。数据存储在数据库 LevelDB 或者数据库管理系统 CouchDB 当中,以实现内部模拟活动和绩效结算记录的快速检索功能。

网络层:采用基于 gRPC 的 Gossip 协议,使得多个 Peer 节点实现数据的同步。Gossip 协议又被称作“流言算法”，因为它的执行过程和人们之间传播消息类似，总先选择周围的几个点传播，然后收到“流言”的节点再进行同样的操作。

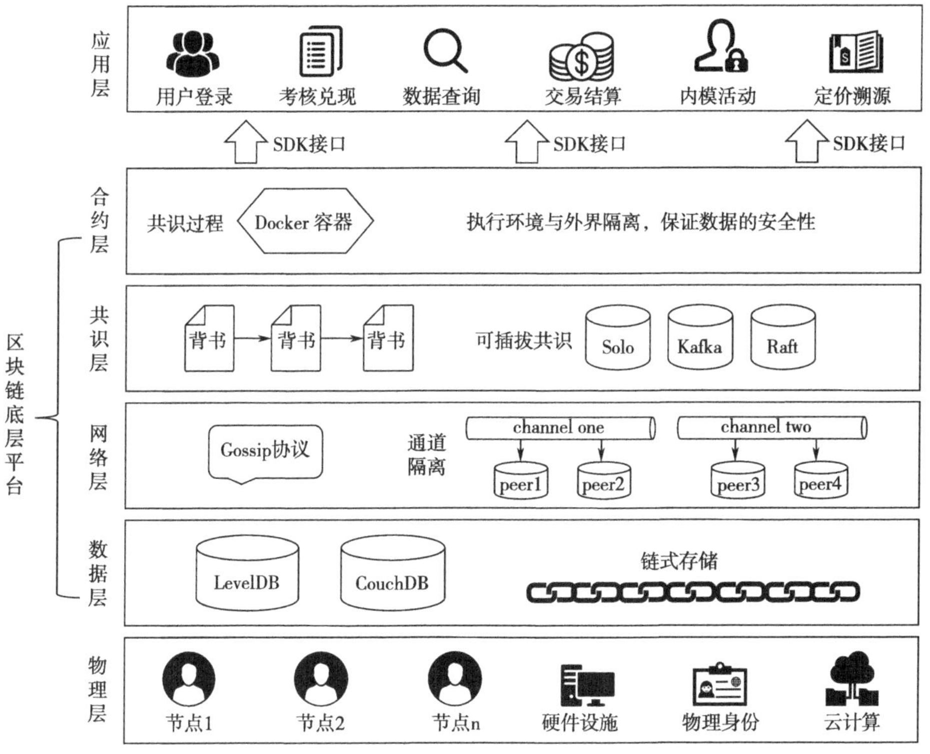

图 6-3　系统技术架构

共识层：本系统采用企业级区块链中具有一定容错机制的共识算法。例如，Hyperledger Fabric 中的共识协议。Fabric 的交易过程分为交易背书、交易排序以及交易验证三个阶段。交易排序功能是 Fabric 中的共识机制，主要有 Solo、Kafka 和 Raft 三种排序机制，目的是保证系统交易顺序的一致性。排序节点除了排序功能外，还有多通道功能，即同一笔交易的参与方只能在同一个通道中共享交易信息，通道外的成员没有权限访问，从而保证了数据的隐私性。此外，系统内含策略配置和策略查询子模板；为了让业务活动的结果被特定的组织依照一定规则和共识上链，配置管理模块将定义业务活动并对其背书策略进行配置。

合约层：Docker 容器是智能合约的运行环境，用来实现内部模拟活动结算和溯源等业务逻辑，其执行环境与外界安全隔离，不受第三方干扰。

应用层：包括用户登录、员工绩效考核兑现、企业内模活动、交易结算、数据查询、定价溯源等基本应用的操作功能，从而完成整个企业内模活动溯源与结算过程。用户通过统一门户实现系统统一身份认证与登录验证，对链上数据进行合规的访问、查询与溯源等操作。

在系统部署架构上，构建区块链内模业务集群。用户（业务人员）与该应用系统直接交互，来完成内模交易业务。用户统一登录该系统时，需通过 CA 服务来完成身份认证。用户在注册时，向 CA 机构请求数字证书发放，数字证书内含有该用户的公钥。数字证书可以用来证明该用户具有合法身份，并响应区块链节点对佐证材料上传方数字签名有效性验证的请求。区块链内模管理系统在数据链路层外部集成 ERP 内模系统，实现链上、链下数据的传输。

在区块链分布式网络里，由共识服务集群来完成对交易的背书、排序、记账，该集群本质是由“orderer（排序节点）+kafka 节点+zookeeper”组成。区块链内部模拟信息系统创建佐证材料上链存证交易后，发送交易提案至指定的各省人资、财务、营销、地市公司等区块链节点，来执行交易背书。这些区块链节点可以作为背书节点来模拟交易，然后生成背书签名。当该交易获得足够多且满足背书策略的背书后，通过共识服务集群里的排序节点和 Kafka 集群来完成对交易共识的排序，且使用 Zookeeper 服务来完成对交易 key-value 的分布式存储。

基于区块链的内部模拟信息系统在应用架构上涉及的模块如图 6-4 所示。该系统可贯通业务系统、大数据平台、区块链平台、ERP 内模系统的数据接口，实现全自动化的交易结算；并且建立全程数字化、可视化的内模市场，将业务单价、业务量、佐证材料、结算考核等数据在链上进行存证。业务量数据从业务系统中采集、传输到数据中台,然后通过 API 接口导出前一天的数据至区块链系统来上链存证。基于此,业务相关数据在区块链平台上实时共享、多方记账,利用区块链的分布式部署特性,内模数据“一点生成,多点记账”,使各单位在链上达成数据的共识关系。业务量从业务系统中自动采集,并完成结算,无须部门间的审批流程。

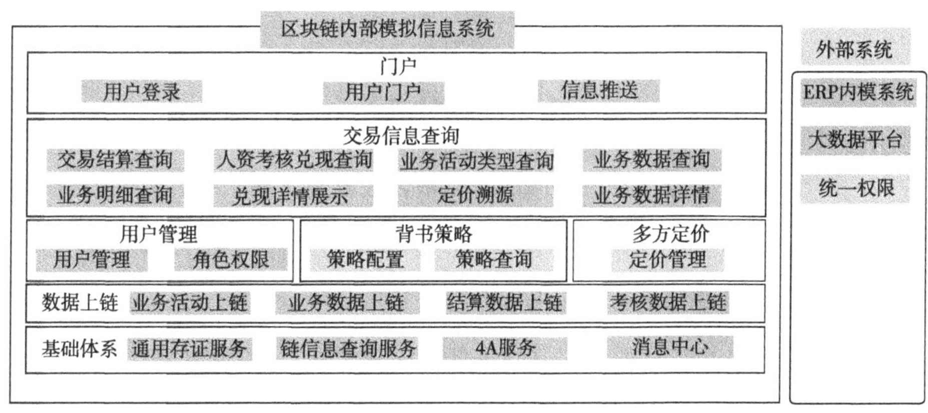

图 6-4　系统应用架构

6.2.3　业务数据上链

区块链内部模拟信息系统主要的技术思想是将内模结算业务量数据存证到区块链上,然后联盟链多方根据链上的数据共同参与业务定价、内模利润计算、考核兑现等环节,同时也将结算结果存证于链上,各笔存证和结算交易都可追溯,从而简化过去的行政化审批,提高内模市场的运行效率。具体来说,本系统从前端业务系统采集业务量,匹配业务单价,完成结算后,再将计算依据即业务量、成交单价等数据在区块链上进行自动存证,以保证数据的客观公正,并通过各参与方在链上共同参与业务定价、内模利润计算、考核兑现等环节,为建立数字化、可视化的内模数据管理体系夯实基础,为企业生态环境构建提供精准信息和决策支持(如图 6-5 所示)。

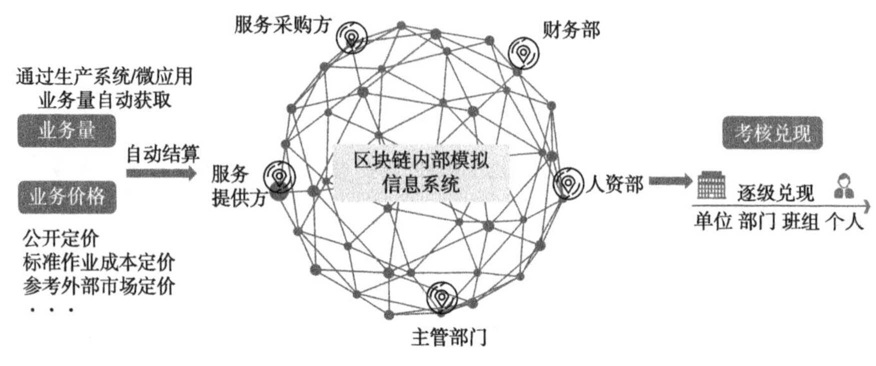

图 6-5　数据流转路径

本系统通过将业务活动、业务数据(包括佐证原始材料)、结算数据、考核数据上链存证,为内模业务的定量定价提供真实数据依据。将业务数据上链到区块链内部模拟信息系统的方法有两个:

第一,对于企业已有系统支撑的业务活动查询和存储,可以将业务系统里的内模业务数据导入大数据平台(即数据中台),再通过 API 接口上链到区块链分布式账本里,内模管理系统直接从链上抓取业务定量所需的业务数据(如图 6-6 所示)。

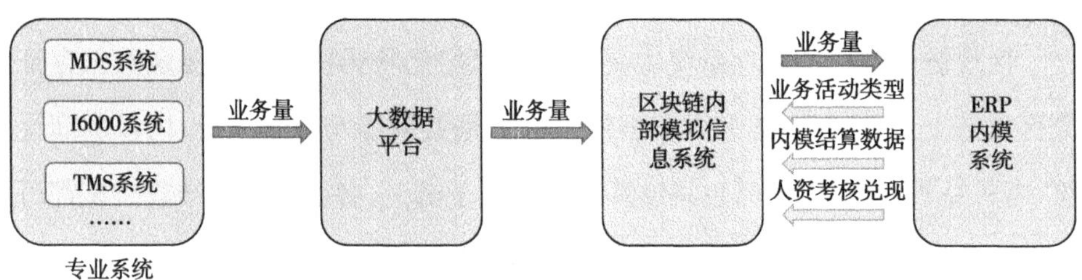

图 6-6　大数据平台支撑下的业务数据流转

第二,对于无系统支撑的业务活动查询和存储,新构建一个区块链微应用,将邮件/OA/工单中心里的业务数据通过区块链微应用一件存证至区块链分布式账本里;当业务操作人员发起结算时,勾选所需的佐证原材料进行定量定价,汇总审核后,将其结果上传至区块链内模管理系统,该系统完成考核兑现业务,并将交易结果上传至区块链存证系统,最终实现内模业务数据全流程闭环流通,即“内模交易原始数据来源于链上,交易结果回传至链上”(如图 6-7 所示)。

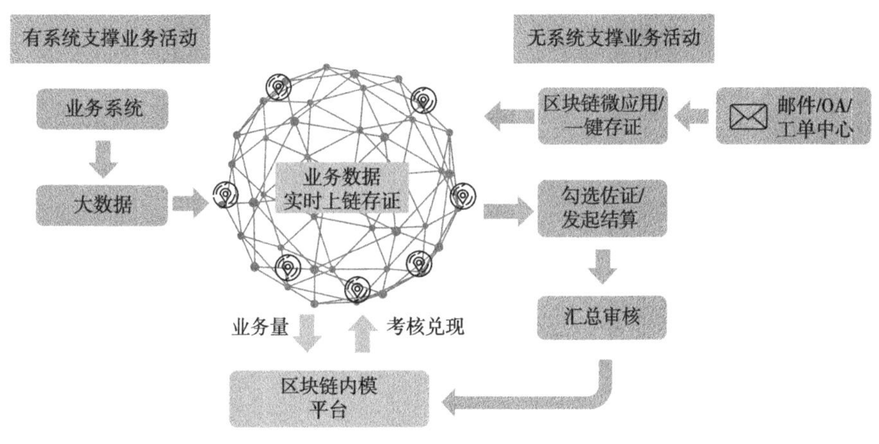

图 6-7 内模业务数据流转路径

6.2.4 内部模拟活动定价

内部市场交易价格是指交易客体在交易主体之间转移的价格。价格的制定方法基本上划分为三类:一是基于市场的定价方法;二是基于成本的定价方法,可以以实际成本、标准成本、变动成本等为基础定价;三是通过协商谈判制定价格。交易价格核定规则是将业务按照市场价值规律核定价格,向外部市场销售的业务,直接取用实际市场交易价格。向公司内部提供的业务活动,有外部市场价格参考的,参考外部市场价格核定;无外部市场价格参考的,比照市场成本定价方式测算核定或通过协商制定价格(如图 6-8 所示)。

将各类交易主体视为市场环境下独立经营的企业,全面计量价值投入和产出,价值投入既包括外部采购成本,也包括内部采购成本,价值产出既包括外部收入，也包括内部收入，真实反映资源消耗和价值贡献。

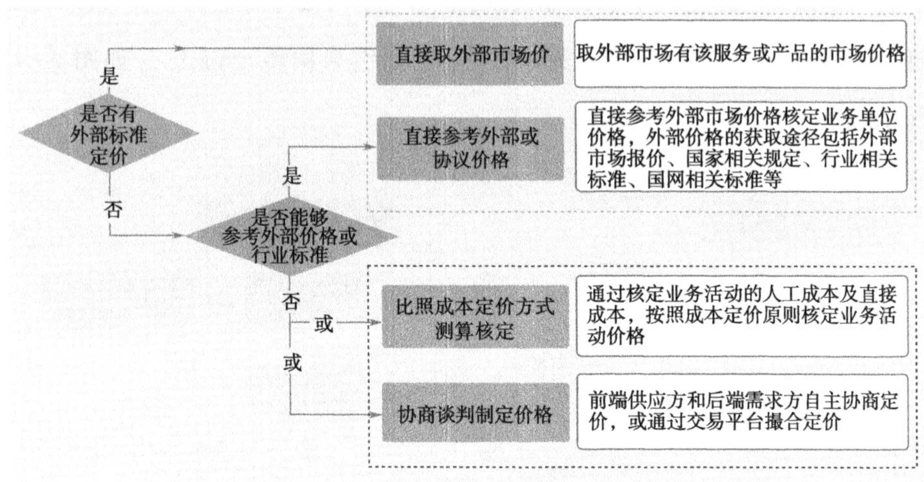

图 6-8　内部模拟活动的内部交易价格体系

业务量计量方式：一是重复操作类业务以操作次数为业务量，如检测、测试类业务以作用对象个数为业务量等；二是按既定金额提成的业务以业务提成基数为业务量，如物资采购金额等；三是部分项目类业务和日常支撑工作难以识别业务量的，按照时间进度确认实际工作量，如信息系统维护项目及网络设施运维等。

收入确定方式：收入＝各业务市场价格×业务量。内部市场交易收入的确认范围包括各类交易主体全部价值产出，包含全部内外部市场收入，真实反映全部产出。其中，外部市场收入已在各单位核算体系中记录，可直接引用；内部市场收入未在各单位核算体系中反映，需要基于各市场主体提供的业务量和业务价格计算确认。

成本确定方式：内部市场交易成本的确认范围，包括各类交易主体全部资源耗用，包含全部内外部市场成本，真实反映全部投入。内部采购成本因未在各单位核算体系中反映，需要重新计算确认，总体内部采购成本与内部收入相等,根据服务对象进行确认及分摊,内部业务成本 = ∑(业务接受量×业务价格)。

内部模拟结算:结算关系是内部支撑业务提供过程中业务价值转移的量化。在内部模拟市场运行过程中,业务量确认后,业务支撑单位记录收入;而被支撑单位记录内部支撑业务采购成本(收入=成本)。结算关系需按内部支撑业务逐条梳理。

6.2.4.1 共识定量

以供电公司的“表计检测工单”为例,表计检测是内部模拟市场交易的标的,通常表计检测业务数据记录在省级计量中心生产调度平台(以下简称 MDS 系统)。利用区块链“弱中心化”思维,业务量不以省供电服务中心方面提供的业务量为准,大数据平台从交易双方的服务过程中,实时获取交易数据,即从 MDS 系统中线上自动采集业务量,再经共识机制写入区块链系统,形成公开、透明、可追溯的业务量数据,作为权责清晰的定量依据,实现去行政化的共识定量和实时结算,即时感知价值贡献。

再如,以信息调度业务量自动采集、交易并自动结算为例。利用区块链“弱中心化”思维,业务量不以企业单方面提供的业务量为准,通过大数据平台从前端业务系统(如电网省计量中心生产调度平台或电网一体化调度运行支撑平台)获取交易数据,即从前端业务系统中线上自动采集业务量,再写入区块链内模信息系统,形成公开、透明、可追溯的业务量数据,作为定量依据。

6.2.4.2 共识定价

正如前所述,内模市场里定价方法有公开定价、标准作业成本定价、参考外部市场定价等模式。这里以“专家共识法”多方参与定价定量为例。

针对表计测量业务活动在内模市场中只存在唯一的提供方,即省供电服务中心,业务活动无须多方参与竞价。为实现业务活动定价的公平、公正、公开原则,可利用区块链思维的“弱中心化”“可追溯”“透明”的特点,采用专家共识法进行定价。

基于公司层面已建立的专家库，定价时从专家库中抽取 3～5 个业务专家，依据市场交易、历年数据和经验等信息，进行业务活动的定价表决。同时，可联合交易主体、业务主管部门等相关方，在区块链上共同参与定价，建立公开透明的定价机制，定价依据由区块链保存，可追溯性强。决策过程、结果全程记录，公开透明，最终按计算规则自动生成定价，无须人工干预。这就使得定价业务活动公平、公正、公开，增强定价的公信力。

6.2.5 内模智能结算与溯源

供电服务中心执行表计检测工单业务过程中，通过电网省计量中心生产调度平台（MDS 平台）记录业务量，同时将业务数据上链存证，参与的节点实时共享，形成对业务定量的共识结果。表计测量交易的结算指的是对各业务收入（收入＝∑业务量×各业务市场价格）、成本、价值贡献等计算过程，依据从大数据平台自动采集的量，匹配业务单价，输入至预先编写的代码化结算合约模板，自动计算业务的收入、成本、价值贡献，实现智能化的业务结算，结算单据多方共享储存（如图 6-9 所示）。通过工单系统记录业务量，同时将业务数据上链存证，参与的节点实时共享，形成对业务定量的共识结果，进而通过智能合约自动

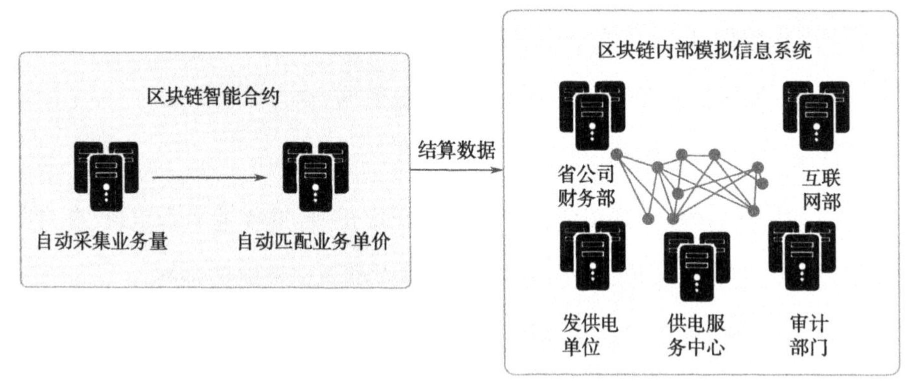

图 6-9 内模交易的智能合约结算

计算出结算数据，无须在各单位间走审批流程。在区块链上存储的数据安全、透明，可以解决事后纠纷、审计取证等问题。

当对结算过程有异议时，抽取 3~5 个专家对异议进行评议。专家在信息系统追溯计算依据并复核结果，提出自己的计算结果和意见，评议的依据、意见全过程记录在信息系统，公开透明。最终的计算结果可设计一套规则，如取专家均值，实现“弱中心化、行政化”裁决。

接着，进行考核评价和结果兑现。以价值为导向完善考核机制，以模拟利润和模拟营收指标为重点实施考核，通过考核促进各单位经营效益的提升。利用区块链平台记录业绩指标分摊、业绩完成情况、业绩考核过程等信息，区块链的数据不可篡改与可溯源性，使得业绩考核过程变得公正透明。结合区块链上存证的业务数据，设置区块链智能合约，可实时查看该单位业绩的完成情况，精准把控企业的经营状态。

智能结算后，通过本系统可以执行“交易结算查询、人资考核兑现查询、业务活动类型查询、业务数据查询、业务明细查询、兑现详细展示、定价溯源、业务数据详情”。例如，在交易结算查询子模块中，登录用户根据数据权限对内部模拟交易明细信息进行查询（如图 6-10 所示），包括结算时间、任务编号、业务活动编号、业务活动名称、服务采购方、服务提供方等维度，并可对某一任务的定量、定价、结算结果进行溯源查看（如图 6-11 所示），显示溯源信息的上链时间及上链内容。

另外，在区块链内部模拟信息系统中，可以增加“微应用抢单功能”。业务主管部门通过区块链微应用发布任务，各一、二、三级市场成员对任务进行抢单（或平台自动派单给符合条件的人员）、处理、反馈、评价，最终生成结算数据，实现在区块链平台可实时查看各单位、部门、个人的内部模拟收入、佐证材料、投入产出分析等等（如图 6-12 所示）。

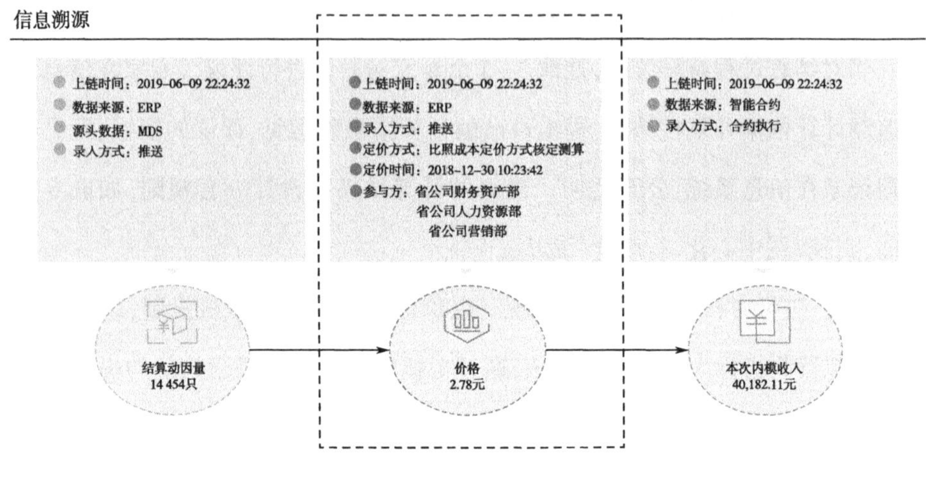

图 6-10 内模信息溯源

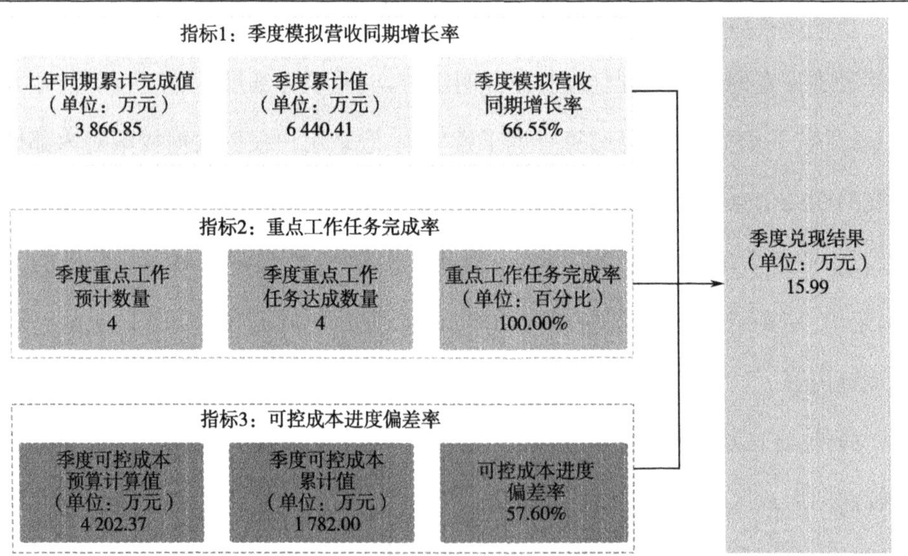

图 6-11 人资绩效考核数据溯源

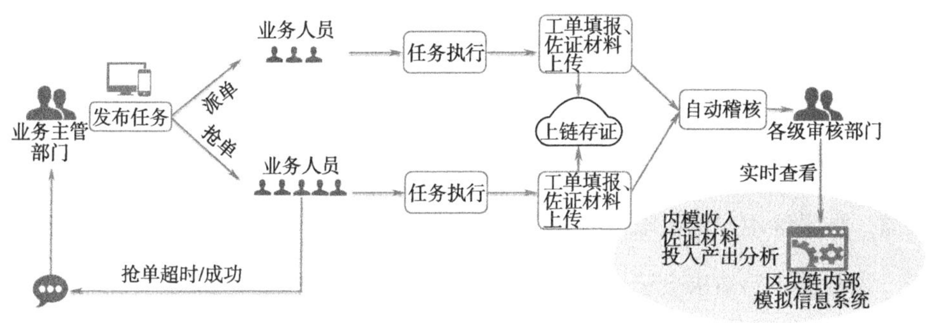

图 6-12　系统中微应用抢单结算流程

6.2.6　内模数据的链上链下访问

受限于区块链的存储性能瓶颈,关键数据的哈希值可保存于链上,而文件较大的非结构化业务凭证和大量原始结构化数据将保存于云端(即下述方案中的云数据存储服务器)。

第一,内模业务量凭证数据(后续简称“数据”)所有者采用 AES-128(高级加密标准-128 位密钥)来加密数据并对其进行数字签名。如果系统管理员使用该用户的公钥成功验证签名,则允许该加密数据上传至云数据存储服务器。数据在该数据库中存储的位置生成 URL(统一资源定位符)。

同时,数据所有者将其数据的访问控制策略(以智能合约形式编码)的数字签名和数据哈希值一起发送到区块链。访问控制策略里写明具体哪个文件和哪个等级的用户授权后在哪个时间段可以读取或下载该数据。

数据所有者也会将数据解密密钥发送至云安全服务器集群。具体来说,加密数据的密钥已分发并保存在集群里的多个安全服务器中。每个云安全服务器都会检查区块链,以判断用户在请求密钥时是否满足获取密钥的访问控制策略。如果用户被成功验证,则每个云安全服务器都可以向用户发送密钥。

第二,当数据使用者需要获得加密数据时,他必须提交数据访问请求(该请求已被该用户用私钥数字签名)至区块链来完成身份验证和授权策略验证。请求里封装了该用户身份和想要下载的数据哈希值。首先,区块链系统利用该用户公钥验证该用户和请求是否合法。然后,根据数据哈希值查询该数据的访问策略。如果该用户的权限等级满足该数据读取或下载权限,则访问策略验证通过。该数据访问请求会记录于链上,便于日后安全审计。

第三,请求验证成功后,数据访问请求成功的消息指令分别被发送给云数据存储服务器和云安全服务器集群。云数据存储服务器和云安全服务器不是区块链节点,但它们可以查询区块链数据库,并根据区块链中的交易协助进行数据存储和检索。

云数据存储服务器接收到该消息后,允许用户下载关联加密数据。数据使用者再向云安全服务器请求数据(解密)密钥,云安全服务器集群根据从区块链接收到的数据访问请求成功的消息,准备向用户正操作的客户端(即本系统里的区块链内模系统)发送密钥。当且仅当客户端接收到集群里 2/3 节点发送相同的密钥时,确认为最终正确密钥且反馈给最终数据需求用户。

第四,数据使用者根据该密钥完成数据解密。

第五,数据存储、数据检索、数据访问请求、数据下载产生的交易日志都将存证于链上,保证每步数据操作可追溯、可审计、不可抵赖。

用户在区块链内模系统开始执行内模交易结算,当需要凭证文件时,需要满足三个条件:身份认证、加密数据、对应解密密钥。此时,用户才能真正获得他想要的数据。由于身份信息和系统中的访问控制策略都编码在区块链的区块中,这些区块通过哈希指针相链接,故而单节点很难通过对用户身份和授权策略进行修改来窃取数据,从而保障数据安全。

内模数据的访问流程如图 6-13 所示。

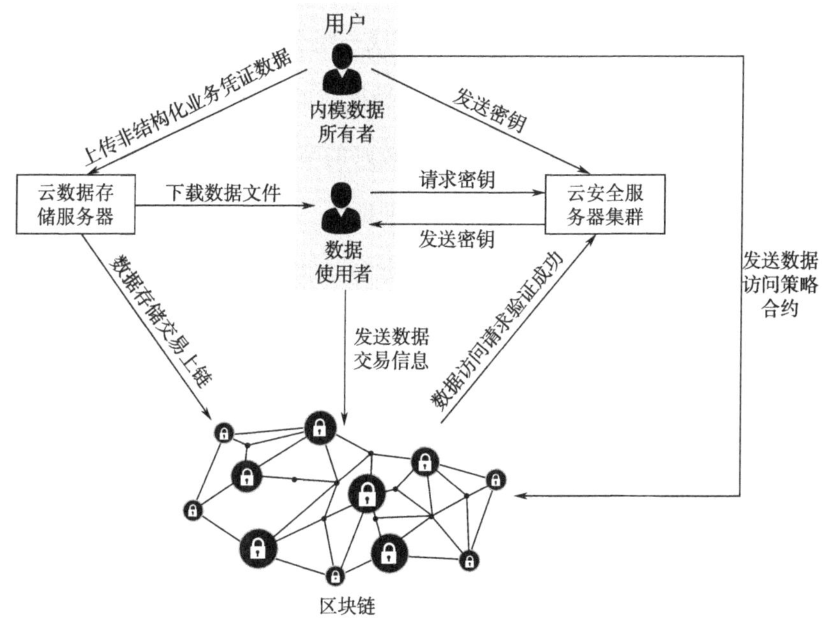

图 6-13 数据访问流程

6.3 痛点问题及应对策略

6.3.1 链上内模交易的共识效率低下问题

本系统采用的是联盟链中的 PBFT 共识,该共识算法受限于节点的规模。交易一旦打包即可被认为不可逆,但随着系统中节点的增多,为了达成共识,其系统中需要进行的通信量也将上升,因而不具备很好的扩展性。为了突破性能瓶颈,对大量内模活动更高效率地进行实时定价和交易结算,需要采用一种更高效率的共识机制。

针对这个问题,我们提出了一种多阶段式的区块链共识算法。

6.3.1.1 选取主节点

企业内模活动相关的业务部门节点组成一组企业内部联盟链,负责维护一条关于自身内部系统、用于记录每一笔交易操作的区块链,其中包括一部分性能相对较差的节点,以及一部分性能相对较好的节点。每个节点将以某种环的形式进行连接,彼此只需知道下一个节点的地址。参与竞选主节点的 i,$i+1$,$i+2$,$i+3$,$i+4$ 等若干个性能较好的节点,发起竞选操作,将其公钥使用盲签的形式,生成一个地址,同时写进一个区块中,连同交易进行传递。接收到的节点将从 i 到 $i+4$ 节点所生成的数据中随机选取一个进行盲签,然后往下一个区块进行传递。若下一个接收到的节点并不为 i,则重复上一步的操作。当区块传递到 i 至 $i+4$ 节点时,可将区块中被盲签化的数据进行除盲处理,统计结果并选出胜利节点,向网络中广播本轮胜出的节点。

6.3.1.2 区块打包

胜出的节点,将交易进行打包,生成区块,并且广播至相邻的 $i+1$ 至 $i+4$ 节点,待若干个区块成功生成后,重新发起竞选操作。在此阶段中将使用 PBFT 算法进行数据的同步,其中主节点的选取将以 $j=h\%N$ 的形式进行,h 为区块链的长度,N 为参与共识的节点个数。

运用此共识算法,其操作内模活动的相关数据将全程上链,此时各个业务节点都能从区块链中获取交易信息。若对历史操作记录存疑,可直接在链上进行查询。若系统出现宕机或其他问题,则可由其他性能相差无几的节点接替其主节点的位置。性能较差的节点并不需要进行区块链的维护,只需要接受来自主节点的指令,以及进行主节点的选取。由于使用 leader 节点代为跟踪后续的操作,因此内部系统中发起交易的节点可以继续做相应的操作,等待事件执行完毕后,会得到回传。所有存储在区块上的信息,使用 Merkle Tree(默克尔树)的形式进行组织,并用于快速验证和快速查找。

6.3.2 内模交易的隐私结算问题

在内模活动中,会涉及员工在执行各类业务工单后的绩效考核信息。这些数据上链后,在分布式账本中可被多节点查询,如何保障内模交易的结算隐私性非常重要。为了解决本系统联盟链中内模交易的定价金额、业务量和身份的隐私暴露问题,需要采用一种适用于联盟链的隐私保护方法。

针对这个问题,我们提出了一种基于区块链的 Paillier 同态加密隐私计算方法。该方法在满足内模交易溯源和可验证的前提下,实现业务工单执行人(如企业员工)身份和内模结算金额的隐私保护。同时,将群签名中群的概念与联盟链恰当结合,并提出一种部分身份匿名的概念,使方案能够满足对其他交易节点匿名、同时确保主要节点可验证。

本系统将联盟链作为群,各节点分为群管理员、主要节点和次要节点。其中,群管理员(如系统中的区块链运营方)独立于主要节点和次要节点之外,负责联盟链中群密钥、同态密钥的生成,以及在交易发生纠纷时的追踪。主要节点(如系统中的企业高层管理者节点)扮演联盟链中的监管人员的角色,不参与交易,但负责对交易的合法性进行验证、维护全网账本。次要节点为联盟中的用户(如系统中的业务部门节点),次要节点利用自己的签名证明自己的账户所有权,并在次要节点之间进行交易。

第一,某类型业务工单执行人 A(如企业员工、普通用户)向业务部门节点 B 发出交易申请,并将交易金额进行签名加密后,发送给业务部门节点。

第二,业务部门节点接收到工单执行人的消息后,对消息进行解密验签,确认无误后,将自身账户地址、交易信息以及业务部门节点的签名、群签名附上,用工单执行人的公钥进行加密,形成加密信息,并将该信息发送给工单执行人。

第三,工单执行人接收到来自业务部门节点的消息,解密验签成功后,将自己的账户地址、所有权签名、群签名等写入;为了将交易信息发送给主要节点验证并实现自身身份的隐私,工单执行人用主要节点间的公钥将该信息进行加密,并广播给主要节点。

第四,主要节点接收到该交易信息后,对该信息进行解密,验证群签名、账户所有权签名、交易金额合法性和交易后账户余额合法性;在所有主要节点验证通过后,将交易信息写入区块链中,交易完成。

在上述交易过程中,用户利用基于椭圆曲线的数字签名算法证明账户所有权。其中,Paillier 同态加密基于复合剩余类困难问题,群签名基于传统困难问题,在同态解密密钥和群签名打开算法未知的情况下,无法对交易金额及账户余额进行解密,更无法得知群签名属于哪位群成员。

通过这个方法,可以实现对内模交易双方身份的匿名,以及用户身份对其他次要节点匿名,但允许验证交易合法性的主要节点了解其账户并实现对交易的验证。此外,对交易金额的加密,在实现了交易金额的隐私保护的同时,也满足了交易可验证。

6.4 本章总结

本章针对企业内部模拟市场中存在的问题,提出了一种基于区块链技术的企业内部模拟市场管理方法,主要贡献在于:

第一,利用区块链的公开透明性,可实现经营指标的层层分解与执行情况公示。企业总部可实时了解各单位、各部门的经营情况、业绩完成情况等,进而促进各单位调整经营策略,将监管与业务紧密结合,使得各单位由被动管理向主动管理转变。

第二,通过区块链技术,将各单位的每项业务过程数据、内模利润、成本都存证到链上,节点之间共享数据,并且该数据不可篡改。从这些业务数据分析出的经营成本、价值贡献、工作效率情况、资源配置情况等结果,省公司可有针对性地提出改进意见,进行优化资源配置,降低不合理成本。

第三,内模市场交易的建设目标,不仅局限于内部单位,还将引入外部市场单位,多方之间形成市场化竞争,而内模交易平台在这一过程中将扮演一个连接者角色。区块链技术可完美实现外部单位数据与内模系统数据相结合,通过内外部数据即时共享、交易规则多方共识,打造一个公平、公开、公正的内模市场环境。

第四,通过内模交易状态实时记录、业务量的自动采集与存证,并在链上公示,提高了内模业务数据的公信力。从交易数据的勾兑关系、区块链技术提供的事后审计功能,确保数据的可信度,使各单位在链上权责分明、结果可溯。

第五,通过区块链内模的智能化结算体系建设,实现内模市场自动结算、考核。一是贯通各专业系统,业务量自动采集、单价自动匹配、结算自动生成。二是针对无专业系统支撑的业务活动,以操作便捷性为前提,建设全程数字化、可视化的内模结算,促进内模市场的高效运行。

本章参考文献

[1]陈辉. 基于区块链技术的绩效管理工具应用研究[J]. 桂林航天工业学院学报,2020(2):203-207.

[2]卢新艳,孙月梅,李晓霞,等. 区块链视域下物流企业人力资源绩效管理体系的构建[J]. 中国储运,2021(5):2.

[3]霍学文. 区块链的开发应走在规范化轨道上[J]. 清华金融评论,2016(10):17.

[4]鲁静. 区块链工程实践:行业解决方案与关键技术[M]. 北京:机械工业出版社,2019.

[5]刁一晴,叶阿勇,张娇美,邓慧娜,张强,程保容. 基于群签名和同态加

密的联盟链双重隐私保护方法[J]. 计算机研究与发展,2022,59(1):172-181.

[6]张思贤,文捷. 一种基于分组的区块链共识算法[J]. 计算机应用与软件,2020,37(3):261-265.

[7]刘立华,李杨. 基于创新价值管理的内模市场体系构建研究[J]. 管理会计研究,2021(4):54-60+88.

[8]刘星,黄星知. 基于区块链的内部模拟市场建设研究与应用[J]. 电力信息与通信技术,2020,18(2):30-36.

[9]戴建忠. 区块链技术在政府绩效评估中应用研究[J]. 山东理工大学学报(社会科学版),2021,37(2):35-41.

[10]刘柳. 区块链技术在绩效管理中的应用探析[J]. 绿色财会,2019(3):53-56.

[11]赖婧婷,李卉欣. 区块链技术在企业人力资源绩效管理中的应用模式探究[J]. 中国集体经济,2021(25):126-127.

[12]邵奇峰,张召,朱燕超,周傲英. 企业级区块链技术综述[J]. 软件学报,2019,30(9):2571-2592.

[13]林诗意,张磊,刘德胜. 基于区块链智能合约的应用研究综述[J]. 计算机应用研究,2021,38(9):2570-2581.

[14]谭靓洁,李永飞. 区块链在云数据安全领域的研究进展[J]. 华北科技学院学报,2021,18(3):95-103.

[15]李娟娟,袁勇,王飞跃. 基于区块链的数字货币发展现状与展望[J]. 自动化学报,2021,47(4):715-729.

[16]杨洋. 联盟区块链 P2P 网络和共识机制的研究与实现[D]. 电子科技大学,2020.

[17]袁勇,王飞跃. 区块链技术发展现状与展望[J]. 自动化学报,2016,42(4):481-494.

[18]贺海武,延安,陈泽华. 基于区块链的智能合约技术与应用综述[J]. 计算机研究与发展,2018,55(11):2452-2466.

思 考 题

1. 目前的内部模拟交易及绩效考核存在着哪些挑战?

2. 结合区块链在企业内部模拟领域的应用现状,分析区块链技术可以优化内部模拟的哪些方面,为什么?

3. 内部模拟联盟链由哪些节点构成?

4. 基于区块链的内部模拟信息系统涉及哪些部分?系统技术架构的各个层次分别起到什么作用?

5. 以内部模拟活动的某个环节为例,简述内模活动数据或内模结算数据是如何上链的。

6. 举例说明利用区块链进行内模活动溯源的流程。

Part Ⅳ　社会治理

7 “区块链+”智慧物业

学习要点和要求

1. 公链和联盟链在共识算法设计上的区别,以及这样设计背后的原理(理解)

2. 联盟链在我国被广泛地推广应用,能够正确判断和识别联盟链的适用场景(应用)

3. 智慧物业以及智慧社区的业务痛点,以及如何利用区块链技术解决以上痛点(理解)

4.“智慧物业”场景下区块链中的跨链技术和可信上链相关技术(理解)

5. 基于区块链技术的“智慧物业”系统的系统架构设计、功能设计,对涉及的核心技术有一定了解(掌握)

7.1 背景与现状

7.1.1 背景

对于物业管理,相信大家都不会陌生。随着我国城市化进程的加快,无论是家庭、工作单位还是商业场所,人们都越来越多地体验到了物业管理的服务。过去 20 年,受益于我国信息产业及技术的飞速发展,物业管理已经基本走过了信息化的时代。近年来,随着云计算、大数据、人工智能、物联网、区块链等技术的兴起,如何将先进技术相结合,并综合运用到物业管理服务当中,实现“智慧”物业,成为一个新的课题。其中,不得不提的就是如何利用区块链技术来解决物业管理中的痛点和难点,否则“智慧”二字也难以名副其实。

下面从政策推动和行业自身发展两个方面介绍相关背景。

7.1.1.1 政策背景

“政策”通常让人感到枯燥乏味,但是在理解其内在逻辑后,相信大家能意识到研读政策的价值。一项事业的发展背后,大家通常看到的是市场力量,它以市场需求和自由竞争作为驱动力,但不可忽视的还有另外一种力量,即政府部门的引导和推动。我国政府在基建、民生等方面的执行力是有目共睹的,如“高铁”“新冠防疫”等。政府的引导和推动,与过去的计划经济是有区别的,它防止了在完全自由的市场经济环境中,参与者为了最大化自身利益(局部优化)而造成市场的偏颇。政府有责任和义务站在全局视角来引导、协调和规范市场行为,同时平衡经济效益与社会效益,确保社会的公平公正。(感兴趣的同学可以选择英国经济学家和哲学家亚当·斯密的经典著作《国富论》作为本书的课外读物)

因此,希望同学们养成关注国家政策面的良好习惯,这有助于全面理解和判断事物发展的趋势,避免造成片面理解或者局部优化的误区,为学习和工作提供很好的帮助。下面我们按照时间的脉络来梳理一下与“智慧物业”相关的政策。

2020 年 10 月 14 日,国家发改委、教育部、工信部等十四部门印发《近期扩内需促消费的工作方案》,指出要推动物业服务线上线下融合发展,搭建智慧物业平台,推动物业服务企业对接各类商业服务,构建线上线下生活服务圈,满足居民多样化生活服务需求。这是国家层面第一次把物业管理纳入扩内需、促消费的核心领域,也是政策层面第一次明确鼓励物业管理公司依托科技赋能,开展社区增值服务。

2020 年 12 月 4 日,住房和城乡建设部与工业和信息化部、公安部、商务部、卫生健康委、市场监管总局等六部委联合发布《关于推动物业服务企业加快发展线上线下生活服务的意见》,要求各省市加快建设智慧物业管理服务平台，并就推动物业服务企业加快发展线上线下生活服务提出具体指导意见。

2020 年 12 月 25 日，住房和城乡建设部等十部委联合印发《关于加强和改进住宅物业管理工作的通知》，该通知共 6 个部分、21 条内容，总体思路是强化党建引领、推动物业服务企业转型升级、健全行业监管制度，从融入基层社会治理体系、健全业主委员会治理结构、提升物业管理服务水平、推动发展生活服务业、规范维修资金使用和管理、强化物业服务监督管理等 6 个方面对提升住宅物业管理水平和效能提出要求。

7.1.1.2 行业背景

区块链的基本特征，就是实现让不信任的多方形成“共识”。如何选举记账节点，如何保证账本信息不会被轻易篡改，其根本目的就是实现在没有第三方公信权威机构的情况下，区块链参与者之间能够达成有效共识。这个能力与物业民生中“共建共治共享”的理念不谋而合，因此，区块链必将成为物业行业未来发展的基础设施。

举一个形象具体的例子：社区智慧屏（一种行业应用）可以实现广告投放，通过物联网与区块链平台赋能，广告的展现次数与受众观看数据实时上链记录，物业服务企业可以选择控制投放内容并直接获得投放收益，观看业主可以授权同意注意力数据被采集从而获得分润。物联网 PaaS 平台和区块链基础设施建设，为社区智慧屏厂商提供了商业模式创新的赋能基础。这同时也说明，对于物业行业的生态参与者，借助区块链相关的软硬件创新，企业获得了赋能基础，并据此实现了商业模式创新。

充分利用区块链技术为人类社会提供信任技术契约的特性，与社区、园区等物业服务平台搭建“云+链”架构，为新时代社会运营提供零成本信任机制，预示着全面运营化的商业时代正在到来。

7.1.2 国内外发展现状

7.1.2.1 国外的区块链与社会治理

由于社会形态不同,国内外的具体表现形式或者重点是不同的[1]。针对国外,我们主要介绍区块链与社会治理相结合的情况,对理解我国基于区块链的智慧物业建设提供借鉴。

(1)阿拉伯联合酋长国(迪拜)

2016 年 10 月,迪拜智能办公室推出了全市范围的“迪拜区块链战略”,目标是到 2020 年使用区块链执行所有适用的政府交易,所有城市交易实现无纸化,数百万份文件——从签证申请、账单支付到许可证续签——将转换成区块链上的一个数字。2017 年 9 月,迪拜推出全球首个官方加密货币 emCash,用于支付政府和非政府服务费用。2018 年 4 月,阿联酋政府宣布启动区块链 2021 战略,计划在 2021 年将迪拜打造成为全球第一个无纸化办公城市。如今,迪拜已经有 88 项使用区块链技术的政府应用,如购买或租用物业、学生注册、医疗服务,覆盖了身份管理、健康医疗、金融科技等多个领域。

(2)爱沙尼亚

人口只有 130 多万的东欧国家爱沙尼亚,是一个不折不扣的数字强国,数字化程度远胜世界发达经济体。爱沙尼亚不仅诞生出 Skype、hotmail 这些全球公用的知名的互联网应用工具,享有“波罗的海硅谷”的美誉,更在数字科技研发应用领域处于前沿,如 AI、区块链、大数据领域。无论是报税、投票、开户注册或注销公司,几乎 99%的公共服务,爱沙尼亚人都可足不出户在网上完成。这一切始于 1999 年,爱沙尼亚政府提出了很完整的数字建国计划——e-Estonia,即“爱沙尼亚数字国家计划”,其目标是重建整个国家的基础设施和公共服务,将物理世界的一切升华至数字空间,把所有的公共服务搬上链。受益于特殊的地理位置与较小的人口基数,爱沙尼亚现已基本完成了“数字国家”的建设。目前,该国99.6%的银行交易通过电子银行服务完成,98%的纳税和海关申报在互联网上进行,98%的处方药由医生在线完成,97%的爱沙尼亚人拥有全国通用的电子就诊记录,99%的公共服务可在线完成。据了解,e-Estonia项目的核心要素分为X-Road和数字公民身份(e-Residency),二者被共同描述为“e-Estonia的支柱”。

7.1.2.2 国内的社区治理与智慧物业

在中国社会结构、城乡社区发生了巨大变迁的今天,我国城市社区治理也出现了很多新问题,如居委会行政化、政府服务供给与居民需求脱节、物业服务质量不过关、社会组织发育不完善等。为激发社区活力,围绕政府、市场、社会等治理主体,探索社会治理创新的案例不断涌现[2-4]。

(1)清华大学关于“社区治理”的研究与实践

清华大学社会学系李强教授及团队依据对各地的调研和探索,抽象出政府主导、市场主导、社会自治、专家参与四种治理模式。

第一,政府主导模式。比如,北京田村街道、成都瑞泉馨城、厦门美丽社区。这三个案例的突出特征是政府的领导力量非常强大,当然也强调居民参与,各主体配合默契,较为成功。

第二,市场主导模式。新型商品房小区出现以后,物业公司这一市场主体在社区治理中起了很大的作用。但是,仅仅靠物业公司并不能把社区治理好,因为缺乏共识和公信力的市场会失灵。

第三,社会自治模式。社会发育滞后是中国的现实,因此社会自治模式也最难。调研中,仅在南方地区发现了成功案例:南京雨花台翠竹社区。这是一个鲜活的案例,它的成功很大程度上是因为有具备个人魅力的阿甘(吴楠)这个人。阿甘是个规划师,他自己就是该社区的居民,同时也具有理想主义色彩,他和社区里的林先生商量:“难道我们就不能自己组织,把自己的社区建设好吗?”于是他们就开始建立基层自治组织,基本实现了很多社区活动都由基层组织主导，当然阿甘也得到了政府的支持。但问题是，如果没有阿甘这样的人物，这类组织还会存在吗？所以，社会自治模式最为艰难。

第四，专家参与模式：由高校专家学者与政府合作的北京海淀清河实验是从2014年开始的。清河街道有28个社区居委会，社区类型复杂多样。在单位大院型的毛纺南社区、商品房小区橡树湾社区、混合型阳光社区三个点进行实验，主要做社会组织体系实验和社区提升。专家的加入确实能动员社会上很多资源投入社区，但缺点是，专家在的时候能运作很好，如果脱离了专家，是否能够持续仍是一个问号。

(2)浙江“未来社区”

2018年，浙江首次提出“未来社区”，并在2019年正式写入《政府工作报告》，着手推进首批未来社区试点项目的培育工作，聚焦人本化、生态化、数字化三维价值，集成未来邻里、教育、健康等九大创新场景，为未来城市的发展绘出了新的蓝图。

“未来社区”从系统架构来讲，抽象为“139模式”。其中，“1”代表以人民美好生活向往为一个中心；“3”是指人本化、生态化、数字化三大价值坐标体系；“9”代表未来社区的九大未来场景，包括邻里、教育、健康、创业、建筑、交通、低碳、服务和治理。

截至2020年底，浙江省已公布了两批总计60个未来社区试点创建项目，完成了规划、开工到扩容的三级跳，并拓展了乡村类、全域类等未来社区建设新类型。按照浙江省的部署，预计到2021年底，浙江省培育建设的省级未来社区试点项目有望达到100个，并建立起未来社区建设运营导则体系，为现代化未来城市打下扎实基础。

(3)智慧物业的“珠海模式”

经过改革开放40年的发展，珠海从一个经济落后的小县，一跃发展成为现代化花园式海滨城市，人居环境一流，先后荣获“国家级生态示范区”“中国优秀旅游城市”“中国最具幸福感城市”“中国和谐名城”“中国宜居宜业城市”“全国文明城市”等荣誉称号和联合国人居中心颁发的“国际改善居住环境最佳范例奖”。

为进一步提升广大市民安居乐业幸福感,珠海市住房及城乡建设局积极推进落实《珠海经济特区物业管理条例》,依据《珠海市物业管理电子投票系统管理办法》、《珠海市物业管理招标投标管理办法》和《珠海市物业承接查验办法》等管理办法,全面推进“珠海市智慧物业管理服务平台”建设工作。该平台于2020年初启动建设,集电子投票、物业服务招投标管理、物业服务诚信管理、物业服务领域备案管理和业委会管理于一体。同时,珠海市还制定了珠海智慧物业管理服务标准规范化体系,打通了与珠海市智慧社区服务平台、珠海市不动产登记中心、珠海市住建局一体化平台、政务信息资源共享平台、公共数据资源登记管理平台和广东省统一身份认证平台的数据接口,并对外开放SDK服务。平台有效解决了业主委员会成立难、运作不规范、业主大会召开难、小区投票议事难、招投标监督等难题,提升了行业管理和公共服务能力。仅2021年2月就有20次电子投票使用,电子投票率达到了50%,物业招投标72次,新注册业委会18个,新筹备业委会17个。

作为毗邻港澳的湾区信息化先进城市,珠海市已经发起城市级甚至珠澳跨境融合区块链方面的探索。一方面,在区块链隐私计算方面做出积极探索;另一方面,为民生领域多方运营合作搭建基于数学信任的信息化基础设施。大数据的“博”与区块链的“信”正在珠海发生信息领域的化学变化,造福一方百姓。

7.2 痛点问题及应对策略

7.2.1 痛点问题

近年来,随着城市化进程加快,物业纠纷呈现连续上升趋势。核心痛点主要是由于信息不对称造成的“物业服务企业与业主之间、业委会与业主之间、业委会与物业公司之间”三者的不信任,进而产生矛盾(如图7-1所示)。

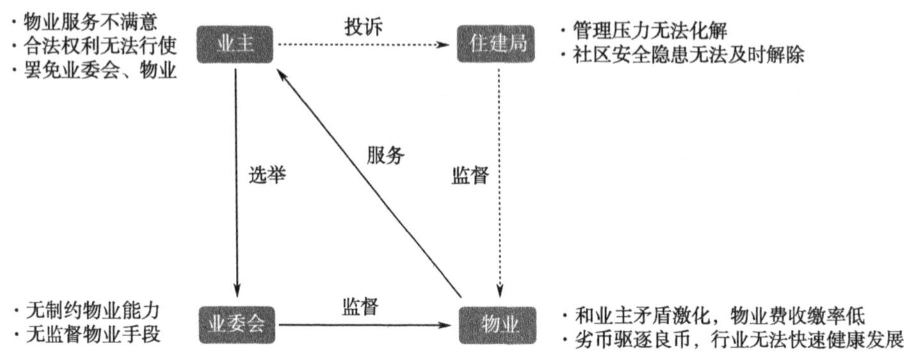

图7-1 物业生态中的各方矛盾

缘于无法建立有效的信任关系,物业管理当中存在两大显著难题:财务管理权和投票表决权。

财务管理权的难题表现在业主缴纳物业费后不知其费用究竟花在何处,同时无法对其流向进行有效监管。另外,根据现有法律,业委会和业主大会都不是法人主体,无法创建自身银行账户,只能委托物业服务企业,这就产生上面这些不透明的问题。因而,即便成立业委会的社区,也难以监管公共资金的使用。从住建部门了解到,在业主维修基金缴纳后,复杂的动支流程导致基金无法被“解冻”并高效地用在居民所需之处。

投票表决权的难题则表现在需要进行投票时,业主无从知晓其他业主的具体投票情况,无法保证投票信息的真实性,同时在需要撤换物业服务企业的时候亦缺乏操作路径。这些实际上都反映了物业管理因为信息的不透明而引发的信任问题。

7.2.2 应对策略

构建以居民、物业、政府和商业四个角色为核心的良好生态,以信息平台及工具为纽带,重塑信任关系。区块链在云之上,连接社区的信息和资产,重新构建一张社区价值网络。打造区块链自主决策系统,在社区维修资金共管和公众投票决议等方面提供了全新方案,同时进行了落地应用和尝试[5]。

7.2.2.1 物业资金共管机制

以物业申请资金预算为例,首先物业服务企业把银行账户加入社区联盟链,并引入银行作为监督方,物业的每次动支都需要经过业主的投票表决,表决通过后由物业在预算内发起动支,结果由银行回传到区块链上(如图 7-2 所示)。

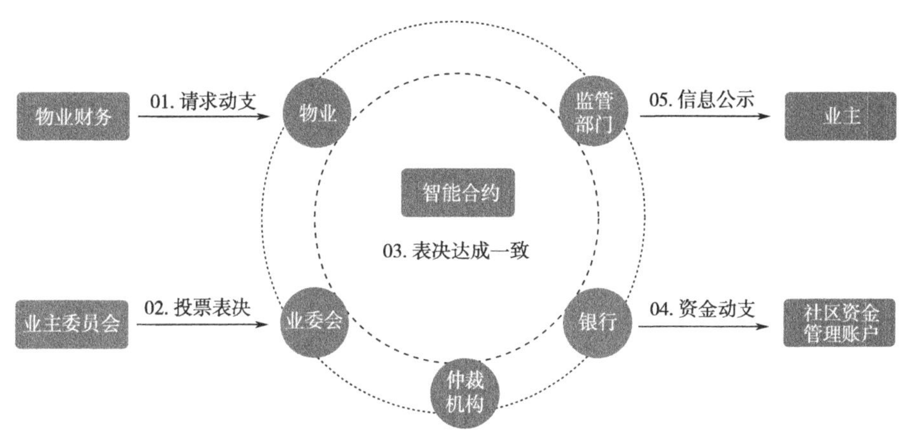

图 7-2 物业资金共管机制

7.2.2.2 业主可信决策机制

结合我们前面提到的表决权痛点问题,设计和构建业主可信决策机制。它是由业主、业主委员会、物业、政府监管部门、仲裁机构等多方共同建立社区联盟链;通过引入活体人脸识别和公安信息实名认证确保真实,业主投票信息直接上传到区块链上,并同步到各节点;投票的规则、最低投票率、最低投票通过率、截止日期等,也预先设定在智能合约里。

7.3 “区块链+”智慧物业解决方案

7.3.1 核心需求分析

基于对业务痛点的剖析，以及提出的应对策略，我们认为“区块链+”智慧物业解决方案，应该能够建立业主、业主委员会、物业管理公司三方的信任机制，满足如图 7-3 所示的四大核心业务需求。

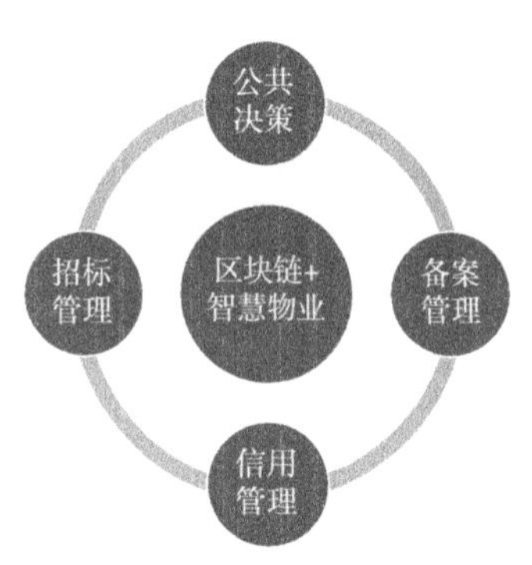

图 7-3 核心业务需求示例

7.3.1.1 基于区块链的公共决策

物业管理业务中，涉及很多公共事务，都需要通过业主投票来进行，如业主委员会选举、公共维修基金的使用等等。图 7-4 展示了社区公共事务和公共资金业主决策平台的业务流程。

公共决策系统，应实现杜绝冒充投票、抵赖、篡改投票记录，决策过程数据能够形成有效的证据链，方便解决纠纷，且永久保存。此外，还应该保护投票人的隐私和信息安全。

7.3.1.2 基于区块链的物业招标管理

物业招标历来是一个敏感问题。传统的物业招标即便在一定程度上实现了信息化，但仍然有不少人为可以操纵的漏洞，这也是业主、业主委员会对于物业管理企业最容易产生不信任和矛盾的地方。基于区块链构建的物业招标管理系统，招标人可通过智慧物业管理服务平台发布招标公告，进行投标信息管理、投标人资格预审，并进行开标、评标、中标结果公示以及资料归档。投票人通过移动端和智慧物业管理服务平台可查看招标信息、回复招标邀请函及查看

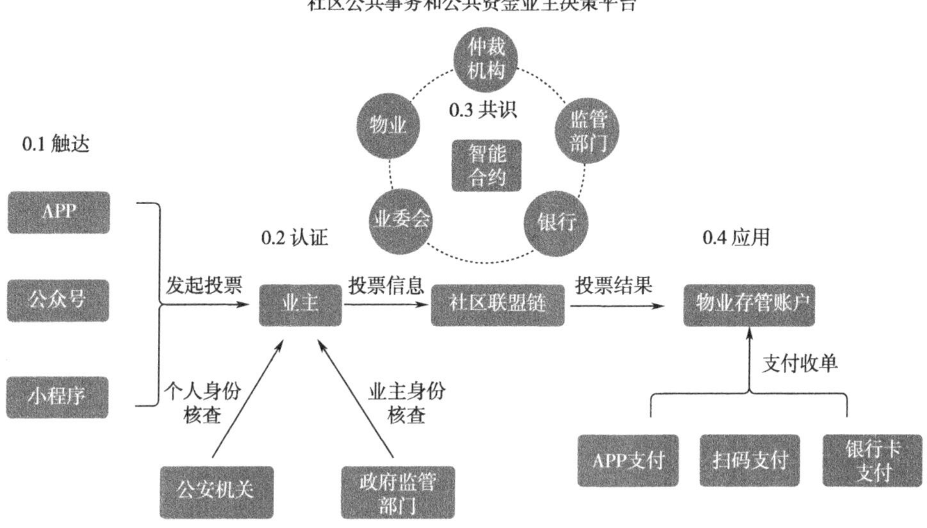

图 7-4 业主决策平台业务流程

中标结果。同时,物业管理企业可以通过智慧物业管理服务平台管理后台进行招投标项目统一监管、招标文件备案、专家库管理,并设有应急服务库,可进行应急物业抽取及公示。

7.3.1.3 基于区块链的物业备案管理

在物业备案管理方面,基于国家法律法规,以及行业自身情况的特点,有许多需要进行备案的工作,并且备案工作对应的各种资料也应该利用区块链实现存证和查证的功能。备案管理包括但不限于以下情况:物业管理区域备案管理、物业承接查验备案管理、物业服务合同备案管理等。同时,备案工作的整个资料上传、各环节的审批过程,同样也需要利用区块链进行存证和查证。以物业管理区域备案管理为例,物业管理区域是指结合物业的共用设施设备、社区建设等因素,根据建设用地规划许可证划定或依法调整确定的四至范围。物业管理区域的划分,是需要公开征求业主意见的,因此,在物业管理区域划分及最终备案的过程中,为了保证业主的意见能够得到真实有效的反映,基于区块链的存证和查证是非常必要的。

7.3.1.4 基于区块链的物业信用管理

一个社区或者居住小区,其实是一个小型的生态。每一个业主,包括业主委员会以及物业管理企业,都是这个生态的组成部分。那么“信用”对于这个生态的每个角色来说都非常重要。具体到业务上,物业信用管理有两层业务场景:一是针对物业管理企业的“物业信用评级”。这个容易理解,就是针对物业管理企业的评价方式,评价依据由企业基本信息、良好行为信息和不良行为信息构成。二是针对物业管理“生态”的信用,即业务、业主委员会的信用,具体而言,可以通过积分来实现。生态信用将对整个物业管理起到关键的作用,甚至被用来设计区块链的共识机制。

7.3.2 平台架构总体设计

如图 7-5 所示,整个平台在逻辑上自底向上划分为五个层次,分别为:区块链基础资源层、区块链关键技术层、应用服务层、终端层以及用户层。同时,辅以贡献奖励体系、信用评价体系、评价标准体系等三大标准体系和第三方服务

图 7-5 智慧物业平台架构

接口。其中,平台的主要功能由应用服务层的四大子系统来实现,分别为智慧社区管理、智慧物业服务中台、智慧社区党建和智慧家庭。

7.3.3 核心技术介绍

7.3.3.1 共识算法设计

共识算法是区块链平台的核心和基石,下面先简要介绍目前行业内共识算法的现状,再结合具体案例,介绍一种新型的共识算法。

(1)现有共识算法简介

自比特币(区块链)诞生以来,研究者们发明了很多共识算法,这些算法本质上可以分为两类:公链共识算法和联盟链共识算法。

公链是一个完全开放的体系,任何一台计算机(甚至其他终端)通过运行客户端程序,都可以成为公链的一个节点(可参考点对点下载机制),参与争夺区块链的“记账权”。因此,它面临的安全问题更为严峻,相对应的共识机制也最为复杂,设计难度较高。常见的公链共识算法有 POW(工作量证明)、POS(权益证明)、DPOS(委托权益证明)等。

联盟链是一个半开放体系,其节点的加入是需要经过认证的。因此,其共识算法采用分布式系统的一致性算法,常见的是各种 BFT(拜占庭容错)算法的实现,如 PBFT(实用拜占庭容错)、RBFT(冗余拜占庭容错)等。

(2)设计适合“智慧物业”的共识算法

通过综合考虑公链共识和联盟链共识的优缺点,结合“智慧物业”生态的实际情况,我们介绍一种汲取 DPOS 和 PBFT 思想的共识算法。DPOS 可以实现较高的 TPS,PBFT 共识机制可以实现区块的相对快速确认。通过测试环境的运行,该共识算法将结合这两种共识机制,确保高 TPS 的同时,加快区块确认速度,大大缩短区块确认时间,降低了一个数量级,同时提升了区块链的整体一致性,减少乃至杜绝分叉情形。此外,新共识机制为跨链协议提供了安全性保障,跨链协议使用 SPV 验证跨链交易是否上链,而 SPV 实现的关键在于如何在不执行交易的前提下知道当前维护期出块的 SR 集合以及当前区块是否被确认。新共识机制正是解决这些问题的关键。

7.3.3.2 跨链技术

(1)跨链技术简介

对于跨链,首先我们采用一个大家比较熟悉的概念做类比说明:每一条区块链可以类比为一个局域网,由众多节点基于某种特定的共识协议组成,局域网之间互联互通就形成了互联网(Internet)。那么,所谓跨链,就是链与链之间的"互联互通",其主要内涵是指区块链之间的"账本"互认,实现跨链资产交换及转移,以及利用智能合约在链与链间操作。

目前主流的跨链技术方案按照实现方式主要有公证人机制、哈希锁定、侧链及中继链、分布式私钥控制。因篇幅所限,这里只简单介绍公证人跨链技术,感兴趣的同学可以查找相关资料深入学习。公证人机制也称见证人机制,是一种"中间人"的方式,设区块链甲和区块链乙,两者是不能直接进行互操作的,那么它们可以引入一个共同信任的第三方作为中间人,由这个共同信任的中间人进行跨链消息的验证和转发。

(2)公证人跨链技术在"智慧物业"中的应用

"智慧物业"是跨链技术的一个典型应用场景。通常,物业管理的最小单元,即一个居民小区。同时,一个居民小区也就是一个最细粒度的完整的物业生态体系。在这个最细粒度的生态体系中,业主、业主委员会、物业管理企业,通过构建一个联盟链实现去中心化的自治。那么,同一物业管理企业或者同一个行政街道的社区所辖的多个小区之间的跨小区系统管理和业务,就是跨链技术最佳的应用场景之一。此外,采用跨链技术,各小区独立运行的区块链可以是异构的,无须统一,不受任何厂商或共识算法的限制。

根据签名方式的不同,公证人机制主要分为以下三种类型:

一是单签名公证人机制。单签名公证人由单一指定的独立节点或者机构充当，它同时承担了数据收集、交易确认、验证的任务。这是最简单的模式。其优点在于处理速度较快，技术结构相对简单。但是这种方式的问题也很明显，即中心化的公证人的安全风险。

二是多重签名公证人机制。由多位公证人在各自账本上共同签名达成共识后才能完成交易的认定。多重签名公证人的每一个节点都拥有自己的一个密钥，只有当达到一定的公证人签名数量或比例时，跨链交易才能被确认。

三是分布式签名公证人机制。分布式签名公证人机制和多重签名公证人机制最大的区别在于签名方式不同，分布式签名公证人机制采用了多方计算(Multi-Party Computation)的思想，安全性更高，实现也更复杂。对于跨链交易，系统仅产生一个密钥，密钥以碎片形式发送给每个公证人节点(如图 7-6 所示)。

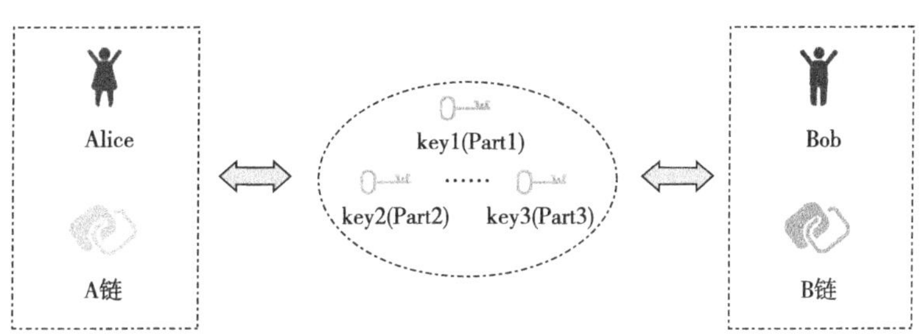

图 7-6 公证人跨链秘钥分配机制

基于密码学生成秘钥(系统有且仅产生一个密钥)，并拆分(公证人组中谁都不会拥有完整的密钥)成多个碎片(经过处理后的密文)分发给随机抽取的公证人(即使所有公证人将碎片拼凑在一起也无法得知完整的密钥)，允许一定比例的公证人共同签名后即可拼凑出完整的秘钥，从而完成更加去中心化的“数据收集验证”过程。

7.3.3.3 数据可信上链

区块链由于其账本的不可篡改性，被认为是可信的数据存储基础设施。这其中,有一个重要的因素往往被人忽略:区块链是一个封闭的生态系统。我们拿比特币(区块链)来解释,比特币的发行、交易都是在比特币区块链上发生的,因此账本记录的信息都是比特币区块链自身产生的数据。我们国内很多联盟链的应用,简单地把区块链作为一个数据库,存放各种数据,实际无法保证数据上链前的真实性、可信性,区块链形同虚设。

诚然,数据可信上链的问题比较复杂,不是靠一种技术就能完美解决的。下面我们介绍几种可能的方案。

(1)物联网数据采集与底层区块链直接通信

目前,物联网数据采集通常使用的协议,有线包括485/232/CAN/RJ45等,无线包括NB-IoT/LoRa/4G/Wi-Fi无线等。但基于各种协议,数据都是被先上传到云端服务器,再进行上链,如此一来,数据就有在云端服务器被篡改的可能性和风险。具体而言,要做到数据的可信上链,在数据采集终端层面,可以采用如下技术:

一是实现物联网采集终端设备基于区块链的唯一身份标识,并且物联网采集终端设备的各项参数、属性、放置地点以及管理的设备等信息,也进行上链记录。

二是在特定物联网采集终端设备上(例如,可运行安卓或者树莓派操作系统的终端设备)运行的区块链客户端程序,使物联网采集设备成为区块链轻节点,可以提交“交易”,即采集数据可以直接上链记录。

(2)基于分布式完全节点的大数据存储和处理技术

区块链节点,即任何通过运行区块链程序从而连接到区块链网络的计算机、手机、矿机等终端设备。区块链节点具有以下特征:其一,具有存储空间;其二,连接网络;其三,参与区块链共识记账,即在存储空间上运行区块链相应程序。区块链的节点有完全节点和轻节点之分。其中,完全节点是指存储区块链全部账本数据的节点,它能够独立校验区块链上的所有交易并实时更新数据,主要负责区块链交易的广播和验证。

区块链本身虽然是一个分布式系统，但其节点的存储方式不是分布式存储，而是每个节点完整地保存账本数据。因此，区块链和大数据很难融合使用，当需要基于区块链架构实现大数据存储和处理，尤其是图片、音频、视频等非结构化数据时，除了存储空间、处理性能受到很大限制之外，也无法严格防止数据被篡改，不能保证数据的可信度。目前工业界的折中方案是将数据文件本身存储在大数据平台中，同时，数据文件经过哈希函数处理后，将哈希值存放在区块链中。这个方案中，大数据平台和区块链平台是割裂的，无法保证大数据平台中存储数据的可信度。

采用大数据集群作为完全节点的区块链平台，替换传统的单点型的区块链完全节点，从而真正意义上实现区块链架构和大数据存储与处理平台的融合，数据存储于大数据平台即等同于存储于区块链中，提升了数据存储和处理能力，更重要的是确保数据的可信度。

(3)融合人工智能与物联网技术对上链数据进行可信度评估

在物流运输和监管仓库的场景中，可以采用多种物联网传感设备采集数据。例如，使用 RFID 技术采集仓库内货物的搬运数据，使用高清摄像头对仓库整体运行情况进行 7×24 小时不间断监控，利用 GPS 或者北斗系统设备采集物流过程中运输车辆的行驶轨迹，等等。那么对丰富的采集数据，可以采用模式匹配和规则引擎，实现基于专家知识的多重数据互相印证，对上链前数据进行交叉验证，实现上链数据的可信度评估。

第一，针对高清摄像头采集的非结构化图像数据，利用计算机视觉的图像识别、语义分割模型，可检测仓库内货物搬运和进出情况以及物流车辆进出仓库的情况。

第二，研发数据可信度评估模型，构建评估指标体系或者特征变量，利用非监督异常检测或者监督学习的方法，构建研发评估模型，可预测数据的可信度。

第三,开发集成规则引擎的专家决策系统,构建规则集,针对上链数据进行规则检验,以决策是否准许上链。

7.3.4 平台子系统及功能模块

7.3.4.1 物业行业管理子系统

(1)物业管理电子投票系统

在区块链发明和普及之前,电子投票问题是密码学应用的一个综合性的难题。从某种意义上讲,区块链本身也依赖一种“电子投票”机制。因此,针对区块链加持的电子投票系统,封装了底层密码学的支撑,整个投票过程都将被区块链详细记录,投票过程可查、投票结果不可篡改,这就使得投票的结果具备公信力。通常电子投票的工作流程分为六大阶段,分别是注册准备阶段、核对阶段、收集阶段、验证阶段、统计阶段、公布阶段。我们根据召集人和选民(业主)来具体描述电子投票的流程,见图 7-7 和图 7-8。

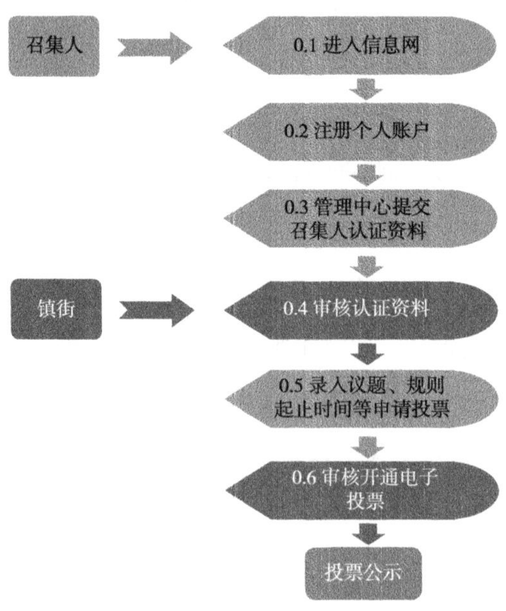

图 7-7 召集人流程

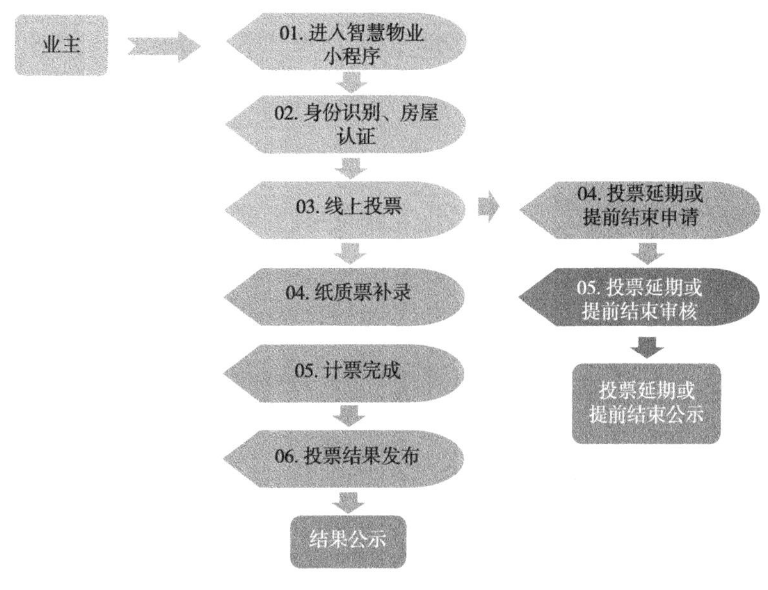

图 7-8　业主投票流程

投票召集人可以通过智慧物业管理服务平台发起自定义表决议题，投票结束后，平台自动统计投票结果，并支持明细打印，从而帮助业委会提高工作效率。通过 APP、微信公众号精准推送投票消息，主动引导选民参与投票，极大地提升业主的参与率。同时，在“业主投票流程”中，通过个人信息认证、房产认证等方式确认业主的合法投票身份，并且记录在区块链上，是尤为关键的一个步骤，它从源头上保证了投票的合法、公开、公正。

(2)物业招投标管理系统

在传统的物业招投标活动中，招标的过程以及招标活动涉及的各种标书、报价、资质等资料及交易数据的真实性与完整性容易让人质疑，业主委员会和业主更难以对以上过程和信息进行有效的核验，生态主体间的信任危机及针对招投标公平性的质疑时有出现。另外，数据共享不畅导致的招标投标组织工作负担重、效率低以及数据验证不好追溯等问题，也制约着招标投标活动的高效开展。

基于区块链加持的智慧物业招投标管理系统，招标人通过智慧物业管理服务平台开展招标项目建档备案,发布招标公告,管理投标信息(包括投标人资格预审、专家抽取等),以及开标、评标、中标结果公示、资料归档(如图 7-9 所示)。投标人通过移动端和智慧物业管理服务平台可查看招标信息、回复招标邀请函及查看中标结果。同时,物业管理企业通过智慧物业管理服务平台管理后台进行招投标项目统一监管、招标文件备案、专家库管理,并设有应急服务库,可进行应急物业抽取及公示。

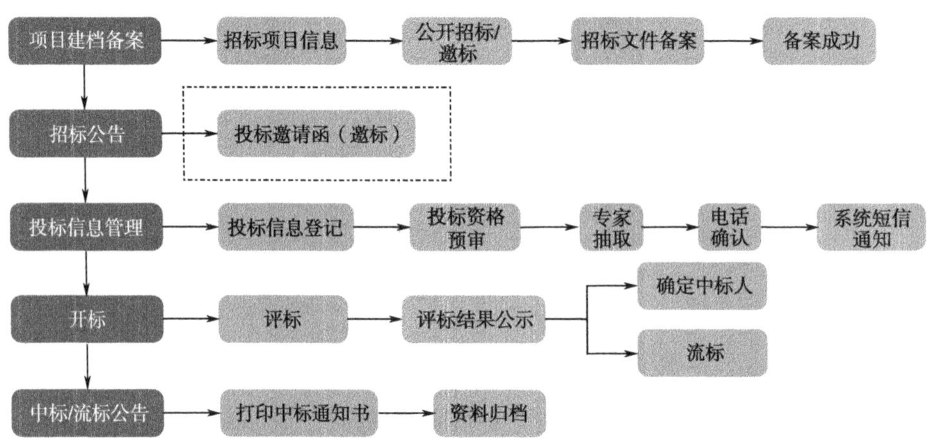

图 7-9　智慧物业招投标管理业务流程

(3)物业备案管理系统

备案管理功能模块主要支持这样几个相关的备案业务功能:①物业管理区域备案管理;②物业承接查验备案管理(区分新建物业承接查验备案和非新建物业承接查验备案);③物业服务合同备案管理;④物业服务企业备案管理。

备案资料经过审批流程的审核过程,包括上传资料、完善审核意见后,以上信息将生成备案证明,并实时上链存证。同时,系统支持取证和查证的功能。

(4)信用管理及服务系统

信用管理及服务是物业生态系统中一个非常有意思的应用,它的成功运行很大程度上依赖区块链技术。

首先是信用信息的采集。信用信息的采集是指对物业服务企业、项目负责人,以及业主社区行为的信用信息进行收集、记录、分类和储存,形成反映主体信用信息档案的活动。信用信息采集渠道包括:房屋行政主管部门及相关行政主管部门提供;物业服务企业及项目负责人自行申报;利用手机终端、物联网终端在社区活动中进行实时采集。信用信息的采集应当坚持客观、准确、公正、及时和谁提供谁负责的原则。因此,前面介绍的数据可信上链的相关技术,将成为该系统功能的重要保障。

其次是信用信息的使用,提供如下功能:

一是物业服务企业、业委会、业主可以通过智慧物业信息网以及移动端进行相关的诚信查询,通过智慧物业行业监管平台移动端强化信用信息的公开、公示和应用。

二是建设单位、业委会可以在招标文件中对失信物业服务企业参与投标活动予以限制。

三是业主可以通过智慧物业行业监管平台信息网及移动端完成对企业及业委会的评价及业主申诉。

最后,值得一提的是,信用信息反过来可以作为区块链底层共识算法设计使用的基础信息。例如,在 POS 类的共识算法设计中,信用信息可以作为“权益”的一种有效补充,作为决定投票权(或者记账权)的核心因素之一。

7.3.4.2 智慧物业服务中台子系统

智慧物业服务中台包括以下功能模块:

(1)社区商业服务中台

供应链引入中台服务,建立物业服务企业二次补货配送服务体系和分润模式。确保居民生活便利及主要农产品价格体系稳定。

(2)社区生活服务接入

连接居住社区周边餐饮、购物、娱乐等商业网点,为居民提供定制化产品和个性化服务。

(3)社区政务服务接入

推进智慧物业管理服务平台与城市政务服务一体化平台对接,促进“互联网+政务服务”向居住社区延伸,打通服务群众的“最后一公里”。智慧物业服务中台承担智慧物业管理服务平台中的数据安全管理保障责任,实现物业民生中房屋、业主敏感信息的保存及隐私保护,并履行社区基层党务建设与共建共治共享格局形成、全域全量数据采集、物业服务行业监管等责任。

智慧物业服务中台由政府引导,企业或行业协会建设、运营。充分发挥物业服务企业熟悉居民、服务半径短、响应速度快等优势,发挥物业服务企业连接居住社区内外的桥梁作用,精准掌握居民消费需求。在做好物业基础服务的同时,对接政府主导、国企运营的供给端资源,通过集中采购的方式,为居民提供优质商品和服务,推动物业服务线上线下融合,促进物业服务企业由物的管理向居民服务转型升级。

7.3.4.3 社区党建子系统

“党建+物业”是一种新的物业管理或者社区管理模式。它的理念是通过党组织的关系将物业管理企业、业主、业主委员会组织在一起,弱化矛盾,强化合作与协同。在物业管理、业主委员会中成立党支部,以楼栋单元为单位成立党小组,党员户亮身份。居委会、业委会、物业公司交叉任职,形成共商、共建、共治、共管的创新型中心城市建设新格局。服务方面建立由社区党委、各党支部和业主代表共同监督、相互制约机制,按“三创”要求确保服务方履职到位,以让绝大多数业主满意为标准。

社区党建子系统具体包含如下功能模块:

(1)社区党建+网格管理

对社区党建网格管理、党员管理、对象管理、组织活动管理以及问题上报反馈进行管理。

支持分级查看社区党支部及党员信息。支持进行党员数量(居委会、业委会、物业服务企业、在职党员、退休党员社区报到)的统计;支持分级根据年龄、性别、文化程度进行党员维度分析。在职党员、退休党员社区报到申请审核。

(2)社区党建活动管理

对社区党建活动进行管理和汇报。支持分级管理社区党建活动,包含“三会一课”、主题学习及其他党建活动的日期、照片、简报、参与人和会议纪要等内容。党建活动支持按季度、月度展开呈现。支持根据社区、时间段和党建活动类型进行查询。

(3)社区党建宣传

社区党建宣传管理包括对党建要闻、党建课程等党建宣传内容的管理。

(4)社区党员议事

社区党员议事信息发布、议事会议报名、议事会议留痕和归档管理。

7.3.4.4 基础数据管理子系统

基础数据管理子系统,主要涉及开发商、物业服务企业、业主、业主委员会等基础信息,同时还包括小区建筑、设施等基础数据。基础数据对于一个社区来讲是非常重要的,必须维护其准确性和权威性。因此,利用区块链来记录这些数据本身,以及对这些数据的修改历史,都十分必要。

该子系统包括基于区块链的基础数据建档、修改、查看等功能。这里简单罗列基础数据的主要条目,供大家参考。

第一,物业项目代码、物业项目名称、物业项目地址、物业管理区域、物业项目性质、建筑面积、总户数、总自然幢数、地上车位数、地下车位数、水箱个数、蓄水池个数。

第二,物业用房总面积,其中办公用房、商业用房面积、坐落等。

第三,归属区县、归属环线、归属板块、归属街道、归属房管(建管)所、归属居委、小区管理处名称、管理处地址。

第四,物业项目经理、物业项目经理上岗证编号、日间报修电话、夜间报修电话。

7.4 结束语

7.4.1 总结

区块链是自IT时代、信息时代、大数据时代之后,出现的又一次革命性的变革。它不仅仅是一种技术,而是技术与经济学、社会学自然结合的创新型产物。区块链自身特点带来如下社会治理方式和经济合作模式的改变:

一是完整可追溯并且不可篡改的交易记录和账本。

二是通过密码学和共识机制的精妙设计,得以在不依赖第三方中心化权威机构的情况下,达成多方共识互信。

三是智能合约自动执行事先定义的逻辑,交易方在过程中无法调整更改。

四是多副本去中心化的存储,使得单一节点故障或非法修改数据不影响整体数据的真实有效性。

区块链的以上能力与物业民生中共建、共治、共享的理念不谋而合。

2020年12月4日,住房和城乡建设部与工业和信息化部、公安部、商务部、卫生健康委、市场监管总局等六部委联合发布《关于推动物业服务企业加快发展线上线下生活服务的意见》(以下简称《意见》),要求各省市加快建设智慧物业管理服务平台,并就推动物业服务企业加快发展线上线下生活服务提出具体指导意见。《意见》中提出:“支持物业服务企业联合建设通用、开放的智慧物业管理服务平台,降低平台建设运营成本,提高服务资源整合能力。”

物业服务需承担面向居民的多元化服务,成为内循环终端引擎并承担社会基层治理责任。区块链在云之上,连接社区的信息和资产,以信息平台及工具为纽带,重塑信任关系,重新构建一张社区价值网络,构建以居民、物业、政府和商业四个角色为核心的良好生态。

7.4.2 展望

随着我国商业生态的高速发展,广泛合作已经逐步取代原先的简单买卖关系,商业生态变得至关重要。社区作为内循环拉动的最基层引擎,社区商业生态建设服务是住房和城乡建设、商务、市场监督等的重要待建服务,而区块链作为一个去中心化建立商业信任关系的基础设施,无疑将发挥巨大作用。

在碳达峰、碳中和的国家最新战略下,基于区块链的智慧物业或社区,将在绿色经济领域发挥重要作用。各类社区节能设备会雨后春笋般快速发展,设备中直接将各类能耗数据上链,可以在设备提供商、设备使用方、提供补贴的各地政府间建立可信的数据环境,为社区节能设备厂商提供各种商业模式创新的赋能基础。

充分利用区块链技术为人类社会提供信任技术契约的特性,与社区、园区等服务平台共同搭建以区块链为底层支撑的智慧物业平台架构,为新时代社会运营提供零成本信任机制。全面运营化商业时代正在到来,传说中的线上线下服务刚刚进入崭新的阶段,正稳步向前!

本章参考文献

[1]田春枝. 国内外物业管理的比较研究[J]. 江西建材,2007(3):78-81.

[2]邓沛琦. 区块链技术助力社区防疫治理能力提升研究[J]. 当代经济. 2020(4):12-16.

[3]韩传峰. 基于区块链的社区治理机制创新研究[J]. 人民论坛·学术前沿,2020(5):66-75.

[4]宗成峰. 中国“互联网+”城市社区治理:挑战、趋势与模式[J]. 城市发展研究,2020,27(10):23-27+46.

[5]张磊,周俊. 一种使用区块链和智能合约来构建去中心社区的方法:,CN110716745A[P]. 2020.

思 考 题

1. 社区物业生态中,包含哪些角色,它们之间的矛盾是如何形成的?区块链为什么能解决这些矛盾问题?

2. 公链共识算法和联盟链共识算法有什么区别?这种不同设计思想的原因是什么?我国是否适合大力发展和推广公链?

3. 思考如何设计跨链机制,让不同社区之间能够进行协同管理和协同运营。

8 区块链电子学历应用平台

学习要点和要求

1. 区块链在教育证书领域的国内外发展现状(了解)
2. 基于区块链的电子学历应用流程(掌握)
3. 电子学历应用联盟链的构成及各部分之间的关系(掌握)
4. 基于区块链的电子学历认证的技术实现思路(了解)
5. 电子学历证书申请和发放的实现(考点)
6. 电子学历证书点对点查验的实现(考点)

8.1 背景与现状

8.1.1 学历证书的应用现状

职场人士在参与求职应聘、职称评定等社会活动时,都要求提供学历证书。传统的纸质学历证书往往存在着易丢失、易损坏、补办难等问题,因此出现了电子学历证书。电子学历证书具备无纸化、成本低、绿色环保等优点,同时还具有便携、易用、不易丢失和破损优点。

2001年12月,全国高等学校学生信息咨询与就业指导中心主办的中国高等教育学生信息网(简称"学信网")开通了"中国高等教育学历证书查询系统";2010年9月,教育部高校学生司的"学籍学历管理平台"启用数字证书。该平台将高校新生学籍电子注册、在校生学年电子注册和毕业生学历证书电子注册管理等功能结合在一起,实现了高校学生全程网络化管理。平台用户包括高校、省级、教育部三级学籍学历管理部门,每级包含研究生、普通本专科、成人本专科、网络教育四种类型的管理用户，学籍学历信息同时面向学生和社会提供查询服务。然而，“学籍学历管理平台”仅提供学历证书电子注册备案表及学籍学历的查询功能，并不能为学生生成电子化的学历证书；另外，对于中国澳门、香港等境外高校的学生，学信网也未能及时收录其学籍学历信息，导致境外大学生在境内找工作时，都有一段无法证明其学籍学历的“空当期”，耽误了宝贵的求职时间。因此，有些境外高校已考虑建设电子学历证书管理系统，以帮助学生回国就业。

然而，电子学历证书在使用时，也存在一定的风险。通常电子学历证书不是由学校点对点地发放给学生的，而是依赖于中心化电子学历应用平台进行存储，学生在使用时、用人单位在查验时都依赖于该中心化电子学历应用平台。因此，中心化平台沉淀了大量的电子学历数据，其安全性有可能成为整个电子学历应用的风险点，如数据造假、数据泄露等风险。随着区块链技术的发展，涌现了一批基于区块链的电子学历应用项目，这些项目的初衷都是希望能解决高校毕业生、用人单位、学校和教育主管部门的各方诉求。

高校毕业生：希望能用上便携、易用、不易丢失和破损的电子学历证书。

用人单位：希望能够便捷地查验学历证书的真伪，以便提升招聘效率。

学校：不希望由第三方承接平台建设，因为有沉淀学历数据和数据泄露的风险。希望为学生提供便捷的电子学历服务，以便提升本校毕业生在就业市场的竞争力。

教育主管部门：能对电子学历证书的发放情况进行监管，杜绝电子学历造假。

8.1.2 区块链在教育证书领域的国内外发展现状

随着各国对区块链技术的重视和区块链技术应用的不断扩展，欧盟、美国、中国等地区和国家开始意识到，区块链技术可以应用于教育等领域，并能够对教育行业产生重大影响。因此,“区块链+教育”,即区块链技术与教育领域的不断融合与发展应运而生。当前,区块链与教育结合的应用主要包括数字资源版权管理、学习行为数据采集、教培市场规范、教育公益透明与人才档案管理等[1]。欧盟于2017年发布报告《教育中的区块链》(*Blockchain in Education*),介绍了区块链在教育应用中的基本原则,并基于技术的开发和部署,提出了区块链技术运用于教育的八种方案[2]。美国高等教育信息化协会于2019年4月发布《地平线报告》(2019高等教育版),首次提出了“学位的模块化和分解”趋势及“区块链技术”促进高等教育发展[3]。2016年10月,我国发布了《中国区块链技术和应用发展白皮书》,指出区块链“透明化、数据不可篡改等特征,对教育就业的健康发展具有重要的价值”[4]。其后,在2018年4月发布的《教育信息化2.0行动计划》中,明确提出要积极探索基于区块链技术的“智能学习效果、记录、转移、交换、认证等有效方式”,将技术深度融入教育教学[5]。区块链与教育的结合,将有助于打造资源共创、共建、共享平台,加速资源流通,从而打造全民共享的“数字教育资源”平台。

当前国外区块链在教育中的研究热点主要集中在三个方面:一是基于区块链的学分、证书管理,该类别涵盖所有形式的学术、学历证书、成绩单以及其他任何形式的成绩记录;二是基于区块链的学习评估,该类别侧重基于学习过程中的真实数据来评估学习者,提供真实可靠的结果;三是基于区块链的身份认证(保护学习对象),该分类涉及保护学习对象信息不受侵害以及未经授权的更改与应用。2015年,麻省理工学院的媒体实验室(The MIT Media Lab)应用区块链技术研发了学习证书平台[6],并发布了相关的手机APP。2016年初,MIT媒体实验室开始面向公众发行基于区块链技术的数字证书系统。该系统包含Cert-schema、Cert-issuer和Cert-viewer,这三个部分共同协作,将学习证书的数据广播到区块链上[7]。2016年2月,索尼全球教育公司开发了基于区块链的学习数据共享技术,用于开放、安全地分享学术水平与学业进步记录[8]。塞浦路斯最大的私立大学尼科西亚大学(University of Nicosia)是世界上最早使用区块链技术记录学生学习成果的大学之一,他们把学生的获奖情况储存在分布式账簿上,保证了记录的安全和可信[9]。2017年,位于旧金山的软件培训机构霍伯顿学校(Holberton School)联手区块链公司Bitproof在区块链上共享学历证书信息[10]。此外,还有教育机构基于区块链原有的金融货币功能,开发出在学习系统中使用的游戏币机制,用于强化学习者在平台上学习和分享知识的动机。

国内区块链在教育中的研究主要体现在基于区块链的数字教育资源构建、档案管理、学习数据存储与追踪等。比如,李新等[11]提出基于区块链技术构建开放教育资源新生态;全立新等[12]进行区块链在教育资源中的应用的探索;刘丰源[13]、尹婷婷等[14]探究基于区块链的教育资源共享建模与框架构建;张倩[15]提出了基于区块链的高校学生档案征信管理平台;杨兵[16]、李凤英等[17]提出基于区块链的学习经历数据存储与身份认证。2016年,中央财经大学发起"校园区块链"项目,利用区块链技术帮助学生记录相关证明文件,形成一条长时间有效、不被篡改、不可造假、去中心化的信用链条[18]。基于该校园区块链,学生通过学校网站中的相关服务,可查询个人的学习成绩记录,并在需要时展示给相关机构。收到学生的履历后,企业也可同样使用该系统查询学生的学历证书和获奖情况。这一系统的使用,简化了学校、个人和单位认证和验证这些信息的环节。校园区块链的数据安全性非常高,不会被任何个人和机构篡改,即使以后学历证书和各种纸质记录遗失了,抑或学校系统里的成绩记录损坏了,保存在区块链上的数据也不会丢失。校园区块链是区块链在教育领域的一个崭新尝试,将极大方便高校毕业生、求职者以及用人单位,降低求职和招聘的成本。从更长远来看,校园区块链的建设将加速教育信息化的进程,加快线上空间与现实空间的融合。

由此可见,国内外对于区块链在教育领域的相关应用,依然集中在解决开放教育环境下的征信问题、安全问题以及数据与用户的隐私问题上,其中基于区块链的学分、证书管理为最热门的研究领域。表 8-1 梳理了区块链在教育证书领域的国内外应用案例[1],供读者参考。

表 8-1 区块链在教育证书领域的国内外应用案例

主导单位	应用成效	国家
MIT & Learning Machine	Blockcerts:创建、查看、验证和发行学业证书的数字公证平台	美国
Holberton School & Bitproof	世界上首个使用区块链技术记录学历信息、颁发证书的学校	
Central New Mexico Community College	基于区块链的数字文凭认证系统	
Arizona State University & Salesforce & EdPlus	开发基于学生数据的学术记录共享网络,促进学分转移和认可	
ESILV & Bitproof	通过区块链认证学生学位	法国
GRNET & Cardano IOHK	颁发基于区块链的文凭,并记录证书的获取、有效性和流转等过程	希腊
University of St. Gallen & BlockFactory	基于区块链的学历验证平台,简化验证流程、加快验证速度	瑞士
SAIT & ODEM	学习电子记录保存,提供学历的数字副本,可多机构安全共享	加拿大
University of Nicosia	基于其学校网站的在线验证工具为学生提供学位电子认证	塞浦路斯
The University of Melbourne & Learning Machine	基于区块链的学生档案记录系统,并尝试建立多样化的证书认证系统	澳大利亚
Sony & IBM	SGE 教育区块链:学生教育记录、电子成绩证书管理和分享平台	日本
SkillsFuture & GovTech,etc.	OpenCerts:提供和验证防篡改数字学术证书的区块链平台	新加坡
TeachMePlease & Serokell	Discipline:学术成就和学历的数字化统一记录	俄罗斯
LUX Tag	E-Skrol:区块链+Web 应用,验证证书,处理证书欺诈	马来西亚
Globsyn Business School	印度第一家引入区块链技术以数字化证书认证过程的学院	印度
中央财经大学	中国首个校园区块链项目:学生学业成绩管理	中国

8.2 电子学历方案设计

8.2.1 总体架构

我们利用区块链的分布式共识记录、合约自动化执行、非对称加密等核心技术,设计了基于区块链的学生信息存证平台。该平台帮助学校将每个学生从入学以来的学习信息(包括专业、学籍、成绩、学习轨迹、获奖证书、学术论文、学历证书等)在区块链上进行可信存证与统一管控,防止学历、成绩造假等行为,实现学校对学生的综合行为的真实性管理。同时,该平台运用区块链上的智能合约来完成学校和学生对关联学生信息进行对外分布式授权访问,从而在保障学生隐私信息安全的前提下,提高学校与外界机构的信息互通效率。学生无须携带纸质的证明材料即可完成面向企业、事业单位等有用证需求单位的面对面、远程授权式学历证书等学生信息的可信验证,为企业人才招聘、海外高校对学生留学申请项目的评估等应用场景提供一个可信的在线一站式“发证、验证、查证”平台。为便于理解,本章以电子学历证书为例描述基于区块链的学生信息存证系统,其他类型的证书可以依此类推。

图 8-1 描述了基于区块链的电子学历应用流程,包括学校、学生、教育主管部门、用人企业四个应用角色。首先,学生通过客户端向其毕业学校申请电子学历证书,申请通过后,学校通过电子学历业务系统发出电子学历证书,同时在电子学历应用联盟链上进行存证。其次,当用人企业有查证需求时,通过客户端向学生提出查证申请,该学生在线授权后,向用人企业出示其电子学历证书;同时,用人企业向教育主管部门请求学历认证数据,教育主管部门审核通过后,向用人企业开放区块链数据访问权限。最后,用人企业将该学生提供的电子学历证书与联盟链上的数据进行比对,以核实电子学历证书的真实性。

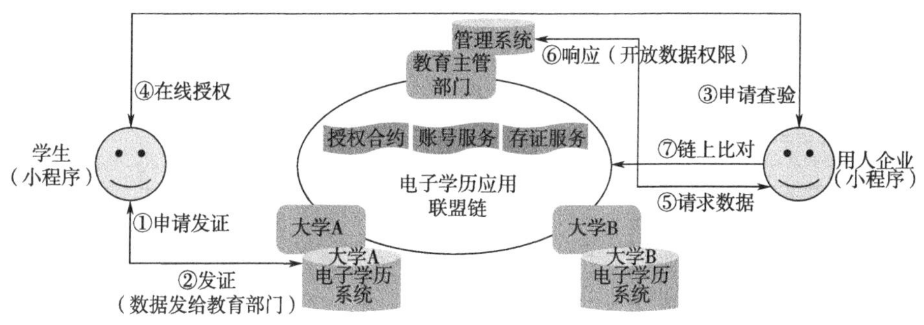

图 8-1　基于区块链的电子学历应用流程

基于区块链的电子学历应用平台的总体架构如图 8-2 所示，包括内部系统和外部系统。其中，内部系统包括区块链底层、系统管理层、应用服务层和应用门户。区块链底层在运行环境和基础组件（如数据存储、运行容器、通信网络等）的基础上，提供区块链系统的核心功能，包括各参与节点间的共识机制及在此共识机制之上的数据与账本记录、为区块链系统提供统一时序的时间戳、保证区块链系统安全合规与防篡改的密码机制，以及能自动执行预置逻辑的智能合约。区块链底层基于基础层提供的硬件或网络基础体系实现相应功能，为应用提供区块链相关的服务。系统管理层主要进行电子学历业务系统的管理，包括用户角色管理、权限管理、消息中心等。应用服务层提供三方面服务：一是为学生提供证书查验服务，如证书申请、二维码查验、证书验证等；二是为学校提供电子学历管理服务，包括证书管理、授权管理、历史记录查询、基础配置服务等；三是为监管方提供电子学历监管服务，包括学历发放查询、统计分析等。应用门户是面向用户的入口，可以是浏览器、手机 App、微信小程序等。通过该入口，学校、学生、监管方等用户角色可与电子学历区块链服务进行交互，执行应用功能，查看和维护区块链状态，包括平台管理服务门户、学校电子学历服务门户、教育监管服务门户、学校网站学历查询入口、学生/企业微信小程序。外部系统包括 CA 中心、学籍系统、校友系统、统一登录认证系统等。

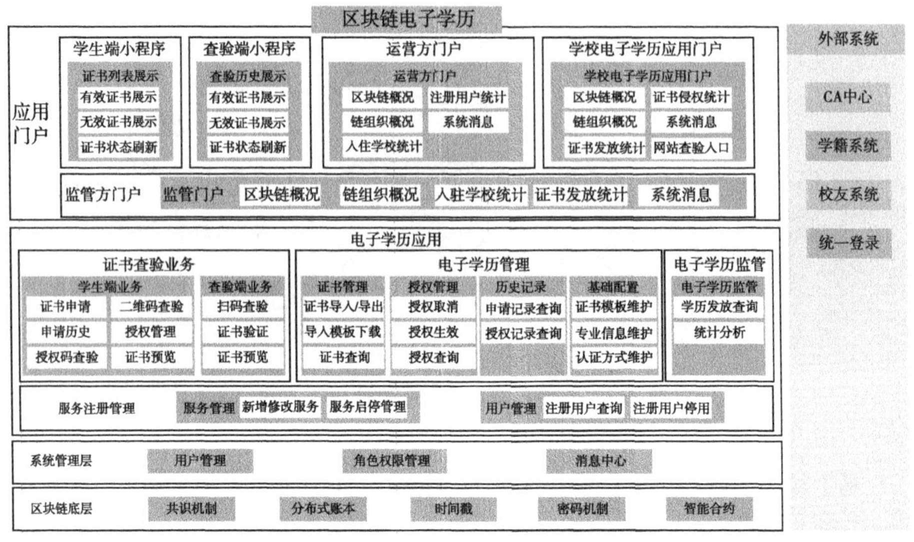

图 8-2　区块链电子学历应用平台的总体架构

8.2.2　部署架构

我们采用联盟链的部署方式,并将联盟链中定义的组织作为具有写入权限的记账节点。如图 8-3 所示,联盟链的参与者包括各高校、学生、教育部门和用人单位。其中,学校负责学生教育档案及学历证书的管理;教育部门负责监管电子学历证书、追溯证书发放和使用情况,以及在线出具学历学位认证结果;学生通过小程序申领学历认证,查看并出具自己的电子学历证书,或授权用人单位访问自己的电子学历证书;用人单位通过小程序查看并验证学生出具的电子学历证书或教育档案。

基于区块链的电子学历应用平台由 5 个部分组成:电子学历联盟链、电子学历应用管理系统、学校电子学历服务、CA 服务中心、移动客户端程序。它们之间的关系如图 8-4 所示。

其中,电子学历联盟链由教育主管部门区块链节点、指定的监管单位区块链节点、各学校区块链节点组成。电子学历联盟区块链负责各类电子学历应用

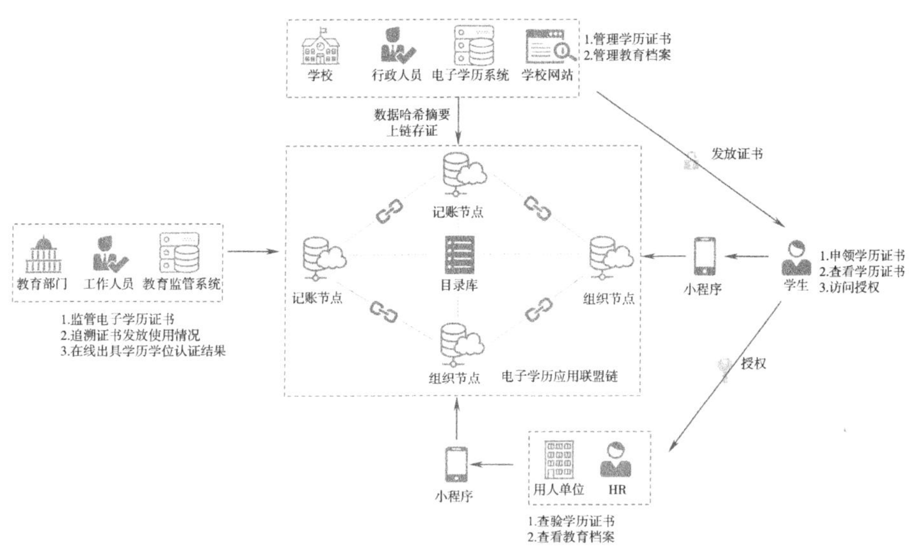

图 8-3 电子学历应用联盟链的构成

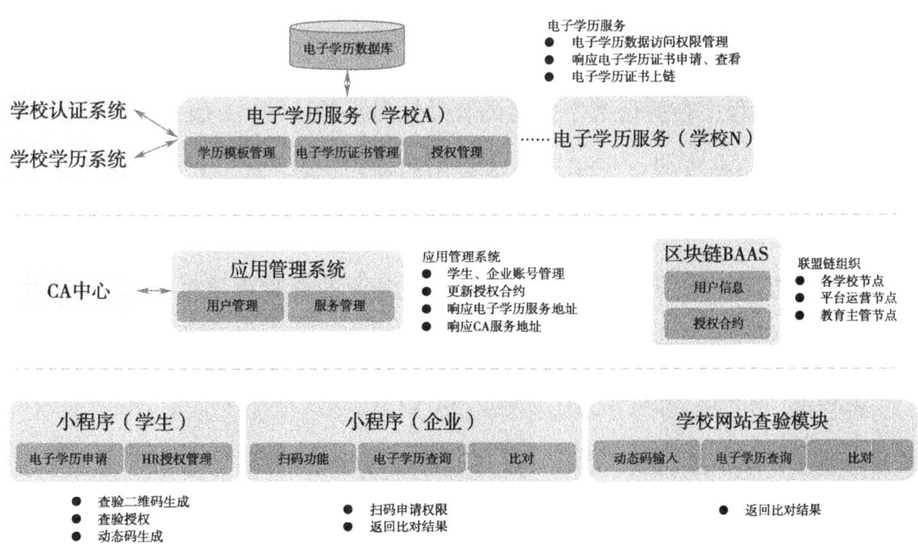

图 8-4 电子学历应用平台各组成部分之间的关系

数据的上链存储，所有上链存储的数据由联盟链的各区块链节点共识、相互监督，保证了链上数据的安全性和可信度。各区块链节点在获得联盟管理员许可后,可以加入和退出联盟,这一操作由联盟管理员在电子学历应用管理平台上进行相应配置,一般来说,教育主管部门可以作为联盟管理员。

电子学历应用管理系统是面向联盟管理员的管理门户,其作用有三:一是可以对联盟链的各区块链节点进行准入配置;二是对各类服务进行管理;三是响应移动客户端程序的服务地址请求。本应用中需注册的服务主要包含学校电子学历服务、CA 服务,而在实际实施过程中所需的其他服务也可以通过本平台接入,这里仅以学校电子学历服务和 CA 服务的应用作为实例。

每个开展电子学历应用的学校都有一套自己独立的电子学历服务,学校电子学历服务需要在电子学历应用管理平台上注册。学校电子学历服务负责管理本学校的电子学历证书、响应学生的电子学历证书的发放请求、上链数字签名后的电子学历证书的数字指纹、管理学生和企业访问电子学历证书的权限。

CA 服务是由实施项目所适用的 CA 机构提供的数字证书和身份认证服务。CA 机构给学校颁发数字证书,学校在上链电子学历证书数字指纹时进行电子签名,而移动端程序在验证数字签名的有效性时需要访问 CA 服务来获取结果。

移动端程序是支撑电子学历便捷应用的使用工具,分为学生端和企业端,可以用移动 App 承载,也可以用微信小程序承载。学生端用于学生向学校申请电子学历证书、随时查看电子学历证书、管理企业的查验申请授权。企业端用于企业查验学生的电子学历证书。

教育部门和学校都可作为组织接入到区块链学历应用平台中,每个组织可以拥有若干记账节点,这些记账节点共同构建联盟链网络,各学校节点通过加密通道与教育监管部门连接;而学生和用人单位不作为记账节点,仅通过客户端使用本系统提供的电子学历服务。在本应用中,原始的电子学历数据存储在各学校的电子学历系统中,只是将学历数据的哈希摘要上链,且电子学历数据仅依据学生和用人单位权限开放。基于区块链的电子学历应用平台的部署架构如图 8-5 所示,拓扑结构如图 8-6 所示。

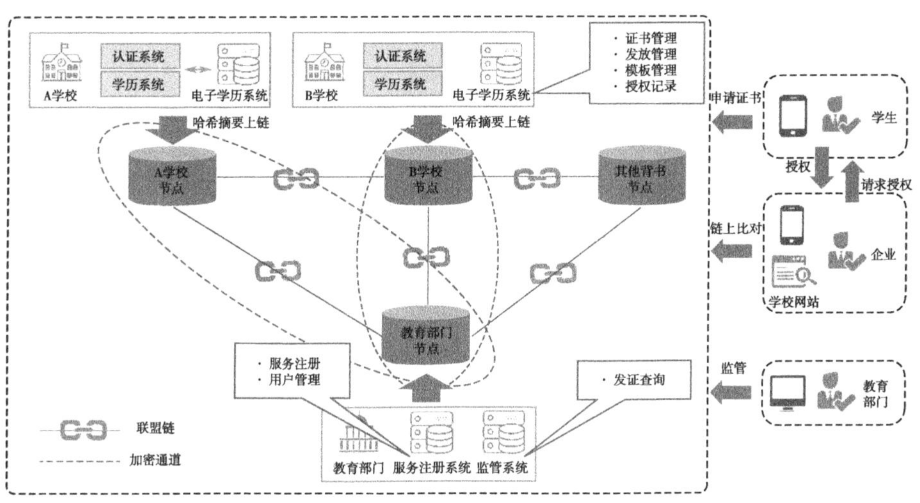

图 8-5　区块链电子学历应用平台的部署架构

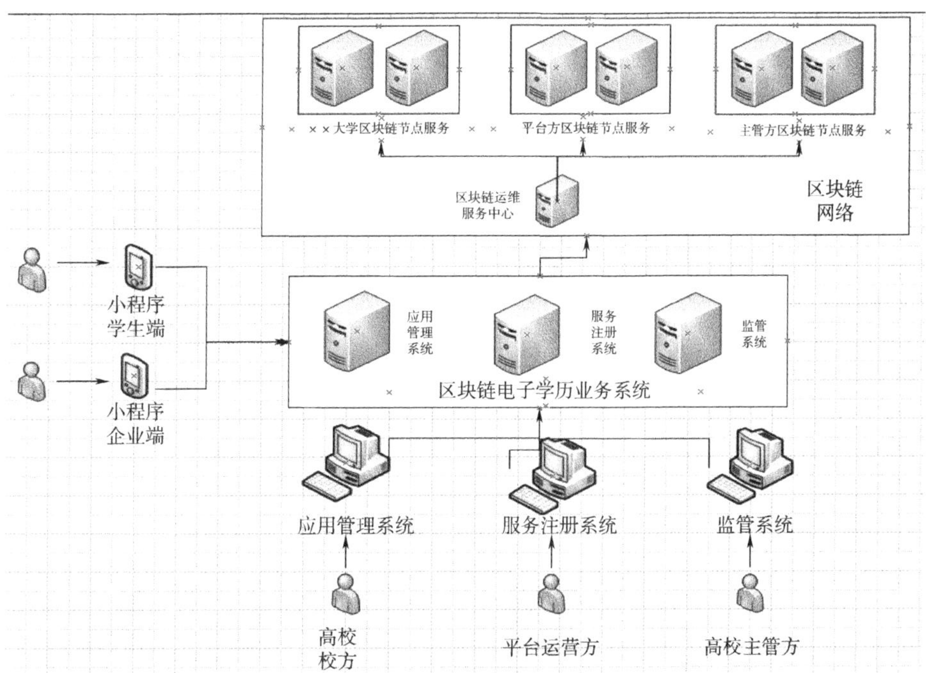

图 8-6　拓扑结构

8.2.3 功能模块

首先构建由教育主管部门区块链节点、指定的监管单位区块链节点、各学校区块链节点组成的电子学历联盟区块链。整个系统包括内部集成、发证、验证、查证、外部集成几个环节。内部集成是将学校的学籍系统、学历系统等关联学生信息管理的信息系统进行集成,实现对学生信息的统一管控;发证是学校根据已与学生在校期间达成的协议到期自动执行电子学历证书等学生就学证明发放,或由学生自主向学校申请生成电子学历证书等;验证主要是企业等外界用证单位向学生申请对学生信息进行真实性核验;查证可以是学生授权企业对所有或部分就学信息进行查询;外部集成包括外部 CA 集成、政务服务集成等,通过对学生信息在线授权访问与共享,打通教育机构与不同行业和政府部门的学生数据使用和查验的壁垒,助力实现智慧教育和智慧城市建设。图 8-7 以某境外高校学生为例,描述了基于区块链的电子学历认证的技术实现思路,其中高校、学生和教育监管机构均在境外,而证书验证方可以是境内企业或机

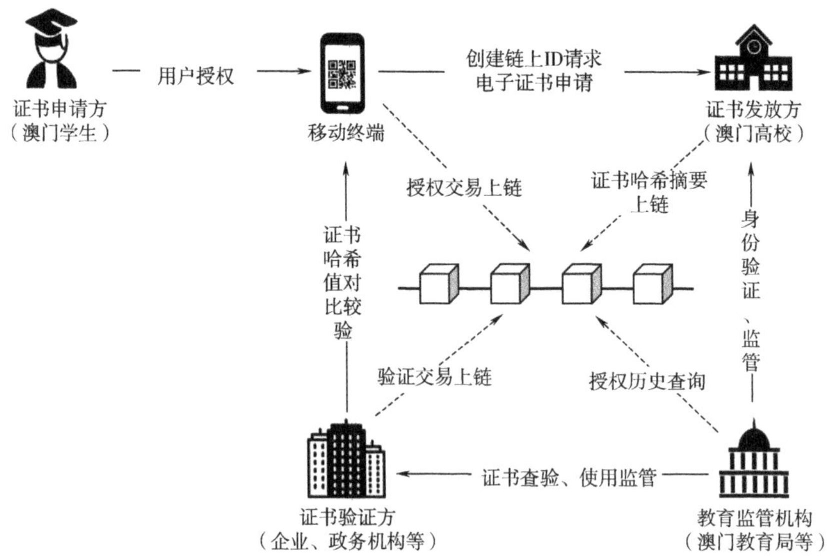

图 8-7 基于区块链的电子学历认证的技术实现思路

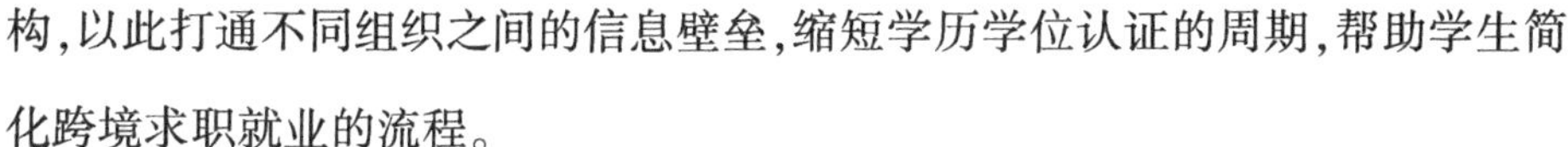

构,以此打通不同组织之间的信息壁垒,缩短学历学位认证的周期,帮助学生简化跨境求职就业的流程。

8.2.3.1 内部集成与链上注册

对各学校的学生信息管理系统(如学籍、学历系统)、监管机构的监管系统进行集成。如图 8-8 所示,对于每个用户,除了在其对应的业务系统中注册身份外,还需要完成在电子学历联盟链上的注册。链上注册功能模块用于业务系统用户在区块链上注册账号,分四个不同的角色:学生用户、高校管理员用户、查验机构用户(以企业用户为例)、监管机构用户。

· 输入:账户名称(用于登录各业务系统的 ID)。

· 输出:账户地址(注册用户在区块链上的地址,用于用户之间传输信息)。

· 账户公私钥(学生用户的公私钥分别用于电子学历信息的加解密,高校管理员用户的公私钥用于对电子学历的数字签名进行验证,监管机构用户的公私钥用于对监管信息的加解密,企业用户的公私钥用于对企业数字证书的加解密)。

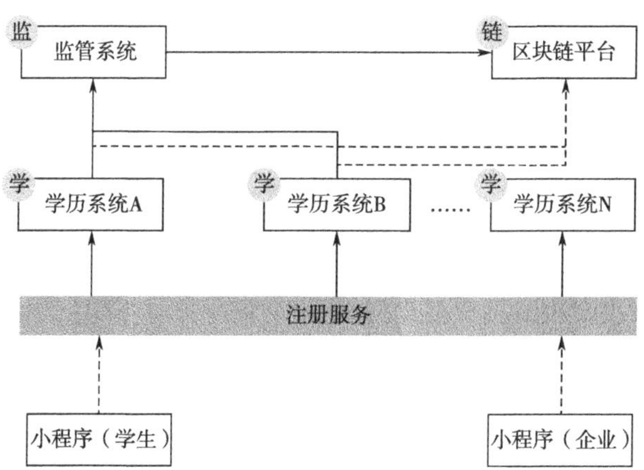

图 8-8 内部集成与链上注册示意图

8.2.3.2 发证

本模块实现根据学生的纸质学历证书等已有学生信息生成内嵌学校及校

长数字签名的电子化学历证书等证明。此电子学历证明获得学校内法规性认可,能够有效证明该学生的就学身份和经历。电子学历证书可由学校自动发放,也可由学生毕业后自主通过客户端申请,申请后的电子学历证书等信息将由学校在"区块链学生信息存证系统"中进行统一管理。同时,通过内部集成,使系统里已存在的学生信息与新生成的电子学历等信息基于学生基本信息(包括学生姓名、学号、专业、毕业年份等)相关联,实现双向检索与同步更新。发证功能模块用于各高校管理员用户存储新增电子学历信息以及发送给学生用户,以高校管理员用户在区块链上给学生用户发送一笔交易为载体,把电子学历信息保存在区块链上,并发送给学生用户。

输入:学生用户的区块链地址(各高校管理员制证后给该地址用户发送制证信息)、高校组织机构代码(发证机构的唯一标识)、学生用户的电子学历信息(需要用该用户的公钥加密)

输出:该笔交易的哈希值(交易信息的唯一标识)、记录电子学历信息的区块编号(交易信息地址唯一标识)

8.2.3.3 查证

学生毕业后,在求职、报考国家考试、参加国家性比赛、办理政务等事务过程中,企业等用证单位会对学生的教育背景进行尽职调查。基于区块链的电子学历应用平台,企业可使用客户端(包括计算机网页版、微信小程序或手机 App 等)对学生的电子学历信息通过面对面扫二维码或动态授权码进行在线核验,学生也无须提供纸质证明材料来证明自己的学籍学历信息。查证功能模块用于学生用户向企业用户发送电子学历信息,以学生用户在区块链上给企业用户发送一笔交易为载体,把电子学历信息发送给企业用户。

输入:被查验学生用户的区块链地址(学生用户的唯一标识)、企业用户的区块链地址(用于接收学生用户的电子学历信息)、被查验学生用户的电子学历信息(需要用企业用户的公钥加密)

输出:该笔交易的哈希值(交易信息的唯一标识)、记录电子学历信息的区块编号(交易信息地址唯一标识)

8.2.3.4 验证

企业通过客户端经过学生授权后查询到的学生信息将不会缓存至客户端,当企业尝试在客户端通过复制、截屏的操作方式把用户学历缓存起来时,客户端会阻止进一步操作,将违规操作反馈给学生用户并发送至区块链存证,从而保障学生信息的隐私安全。验证功能模块根据交易哈希查询电子证照信息,用于企业用户查询、比对学生用户的电子学历信息,或者用于学生用户更新电子学历信息。验证流程将通过区块链智能合约权限控制,且每步核验操作将记录于区块链中,可追溯,便于日后合规审计。以企业验证学生提供的电子学历信息为例,验证功能模块用于企业用户向电子学历联盟链发送电子学历(交易)信息,以企业用户在区块链上给监管机构用户发送一笔交易为载体,把电子学历信息发送给联盟链,并调用智能合约进行查询、比对和验证。

输入:发证时的交易地址(指定查找的交易地址)、记录交易信息的区块高度(指定查找的区块)、记录电子学历信息的交易哈希(指定查找的交易)

输出:高校用户组织机构代码(获取发证机构信息)、电子学历信息(获取电子学历的具体信息)

8.2.3.5 外部集成

为了助力智慧城市建设,未来可以将各大学校、教育部、政府机构等作为记账节点加入联盟链中,实现不同学校学生的信息互通,帮助跨高校的学分与学习轨迹共享,增强学术论文的版权保护机制。除了求职,学生在办理转学、委培等手续时也无须携带纸质文档,再进行审核调档,简化教育部、政务等单位信息统计流程,提高工作效率。外部系统的集成包括 CA 中心、学籍系统、文献系统、政务系统、统一登录认证系统等。

8.2.4 电子学历证书申请和发放的实现

电子学历申请和发放流程如图 8-9 所示。首先,学生通过移动端程序(学生端)向电子学历应用管理平台查询学校电子学历服务地址。其中,学校电子学历服务地址是该学生毕业学校的电子学历服务地址,该地址需已在电子学历

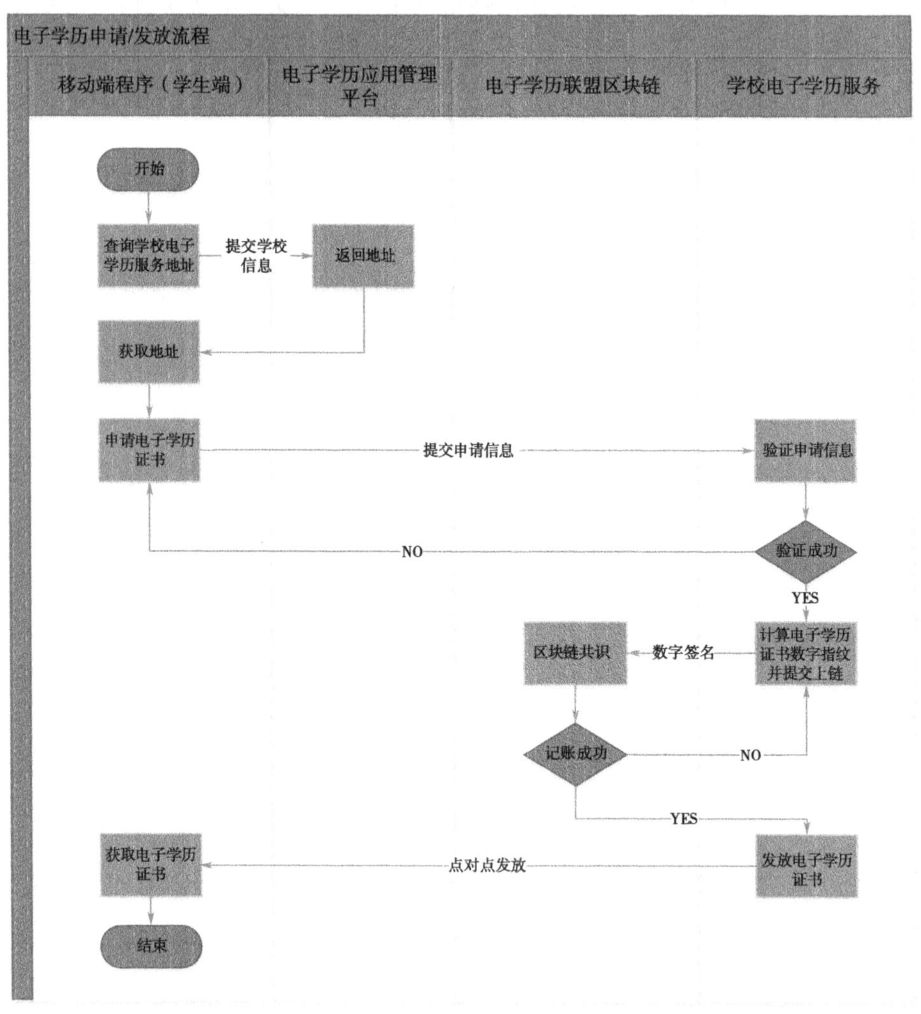

图 8-9 电子学历申请/发放流程

应用管理平台上注册完成。查询成功后,学生端获取到学校电子学历服务地址,学生通过学生端填写申请电子学历证书的相关信息,如学号、身份证号、姓名、学校域登录密码等,并向对应的学校电子学历服务地址提交。

学校电子学历服务验证学生提交的信息,若验证成功,则根据摘要算法计算电子学历证书数据的数字指纹,这里用 Degset1 表示该数字指纹。其中,电子学历证书数据是由需要在电子学历证书模板上回填的字段组成的字符串,以这些字段的 JSON 格式封装。摘要算法可以使用国密 SM3,也可以使用美国国家安全局的 SHA 或者 IETF 的 MD5 等,只要能够满足密码学上的不可逆即可。这里用 Digest 表示某种摘要算法,则 Digest1 = Digest(电子学历证书数据),其中 Digest1 是摘要算法加密过的电子学历证书密文数据。

学校电子学历服务将 Digest1 经过数字签名后,作为一笔区块链交易提交上链,并记录上链的交易哈希。数字签名使用 CA 机构提供的密钥和签名算法,这里用 Sig 表示签名算法, Signature1 表示签名摘要,则 Signature1 = Sig(Digest1)。其中,交易哈希是学校电子学历服务提交 Signature1 上链时按照所属区块链规则生成的字符串,这里用 TxID 表示交易哈希,它指向区块中的某一笔交易。

交易在链上完成共识后,学校电子学历服务向学生点对点发放电子学历证书的明文数据,此时,该学生通过学生端可以查看该电子学历证书,流程结束。其中,学生通过学生端查看电子学历证书的过程实际上是学生端读取收到的电子学历证书的明文数据,并将明文数据回填到电子学历证书模板中进行可视化展示。

8.2.5 电子学历证书点对点查验的实现

图 8-10 展示了企业对学生的电子学历进行点对点查验的流程。当企业 HR 要求查验学生的电子学历证书时,学生在移动端程序(学生端)上调出被查

验电子学历证书的二维码,并将二维码出示给企业 HR。该二维码包含了电子学历证书在区块链上的交易哈希 TxID,以及该学生的学生端的账号。

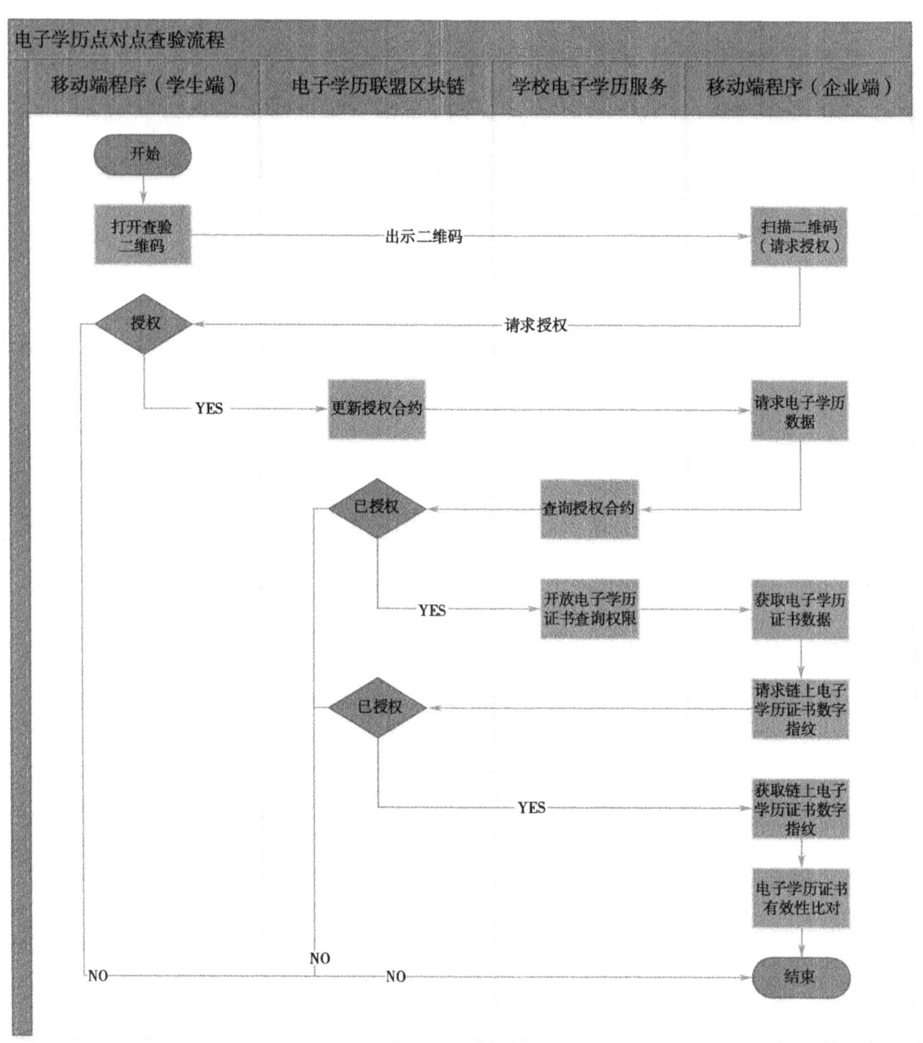

图 8-10 电子学历点对点查验流程

企业 HR 通过移动端程序(企业端)扫描学生出示的二维码。扫描成功后,企业端会带上企业 HR 的用户信息向学生端发起请求授权。

学生端弹出授权窗口,授权窗口中会展示企业 HR 的用户信息和待查验的电子学历证书,学生可以在授权窗口中选择是否授权:若授权,则学生端更新该学生在区块链上的授权合约,即在授权合约里写入对申请企业 HR 访问该电子学历证书进行授权的信息,若授权合约里已有该申请企业 HR 的授权信息,则更新该授权信息;若未授权,则查验流程结束。

企业 HR 在获取查验授权后,其企业端自动向学校电子学历服务请求电子学历证书的明文数据,学校电子学历服务查询被查验学生在区块链上的授权合约中是否有对该企业 HR 的授权信息:若已授权,则返回该学生的电子学历证书数据明文给企业 HR 的企业端;若未授权,则查验流程结束。

企业 HR 在获取到电子学历证书数据明文后,可以回填入电子学历证书模板中进行可视化展示,但是电子学历证书数据的真伪还需要进一步到区块链上找到该电子学历证书数据的数字指纹进行比对验证。

企业 HR 用企业端向电子学历联盟区块链发送查询请求,查询请求会带上该企业 HR 的信息和该电子学历证书数字指纹所在的 TxID,电子学历联盟区块链会验证学生的授权合约:若已授权,则开放 TxID 数据查看权限;若未授权,则流程结束。

企业 HR 的企业端在获取到电子学历证书在区块链上的数字指纹后,首先会向 CA 服务验证数字指纹的数字签名是否为电子学历证书的发放学校,其次会和企业端本地计算的电子学历证书数据明文的数字指纹进行比对:若验证和比对成功,则展示电子学历证书查验通过的消息,流程结束;若验证或比对失败,则展示电子学历证书查询失败的消息,流程结束。

综上所述,利用区块链企业应用服务平台,借助联盟链节点部署、CA 认证、交互式数据验证、数字签名等核心技术,最终建设成一个高效查验、防篡改、可信任、易管理的电子学历学位认证应用系统。

8.3 痛点问题及应对策略

在前述8.2.3部分功能模块的(4)验证环节,我们通过记录违规操作的方式阻止截屏电子学历的行为,保障学生信息不被复制,然而在实际操作时却存在一定困难。一方面,我们不一定能够获取用户手机的系统权限阻止截屏操作;另一方面,除了截屏还有很多其他方式可以复制学生的电子学历信息。因此,可以考虑使用零知识证明技术,学生仅提供一个非交互式证明(zk-proof)而非电子学历证书明文来证明其确实是证书的拥有者,这样第三方就无法对证书进行复制,也就不存在滥用风险了。

零知识证明[19]最早是Goldwasser等密码学家在1985年提出的,通过给传统的数学证明引入随机性来进行证明的一种证明系统,给后来整个计算机科学和密码学的发展带来了深远的影响。零知识证明是一种基于承诺的证明技术,它可以让证明者证明他们知道某些秘密,但是他们不用出示关于这个秘密任何有用的相关信息,即可让验证者相信他们是正确的。零知识证明可用于解决区块链隐私保护以及交易合法性验证等问题[20]。零知识证明分为交互式与非交互式两种,由于区块链具有去中心、多节点共识的特点,交互式零知识证明对系统资源和时间的消耗较大,因此一般选用非交互式零知识证明。其中,简洁非交互式零知识证明最具有代表性,被许多区块链应用采用,既能解决区块链中互不信任的个体间的共识问题,又保护了数据隐私。图8-11展示了我们使用零知识证明完成电子学历证书验证的主要步骤,图8-12展示了非交互式零知识证明应用于电子学历的详细流程。与之前不使用零知识证明技术比较起来,最大的改变就是在用人单位对学生的学历证书进行验证时,学生不需要向用人单位提供证书明文,而只需提供一个加密的非交互式零知识证明(zk-proof),就可以完成电子学历证书的验证,这样既保护了学生的隐私信息,又可以在保证证书来源的前提下查验证书的真伪。

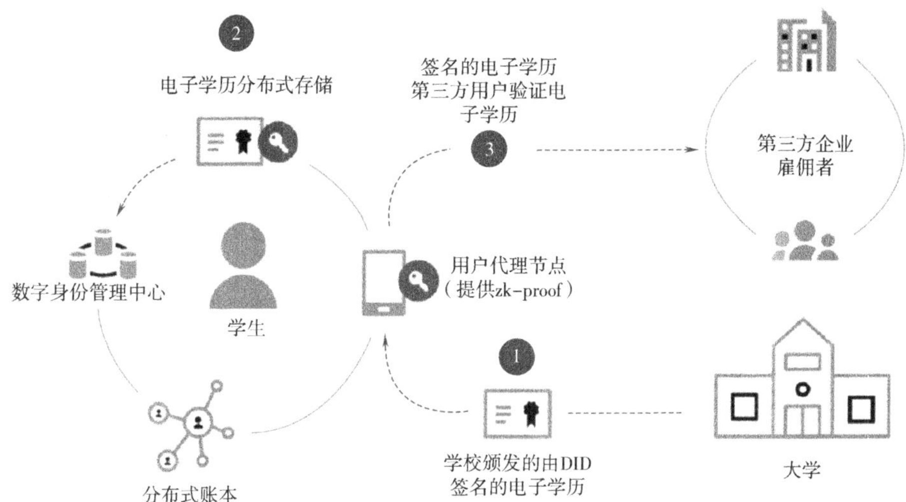

图 8-11　使用零知识证明进行电子学历证书验证

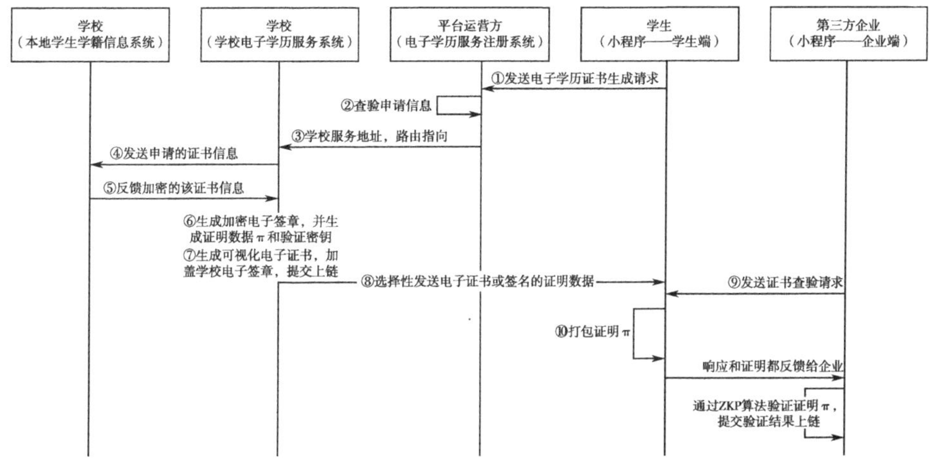

图 8-12　非交互式零知识证明应用于电子学历的详细流程

8.4　总结与展望

本章针对教育证书的使用、管理、查验、监管四方面的需求，以电子学历证书为例,阐述了基于区块链的电子学历应用平台的建设,给出了平台总体应用架构、部署架构、功能模块的设计以及关键流程的实现。使用区块链技术,能够帮助高校毕业生便携地使用电子化的学历证书,并追溯使用过程;帮助用人单位快速地验证证书真伪,提升招聘效率;帮助学校管理电子学历证书,降低数据泄露的风险;帮助教育主管部门对电子学历证书的发放情况进行监管,杜绝电子学历造假。在未来,区块链将继续发挥其分布式、去中心、可追溯、可激励、去信任的特性,让教育环境更泛在、让教育资源更均衡、让学习轨迹更真实、让学生学习更主动、让知识分享更灵活,在教育领域大放异彩。

本章参考文献

[1]吴永和,程歌星,陈雅云,等. 国内外“区块链+教育”之研究现状、热点分析与发展思考[J]. 远程教育杂志,2020,38(1):40-51.

[2] European Commission. Blockchain in Education[EB/OL]. [2019-11-17]. https://publications.jrc.ec.europa.eu/repository/bitstream/JRC108255/jrc108255_blockchain_in_education%281%29.pdf.

[3]兰国帅,郭倩,吕彩杰等."智能+"时代智能技术构筑智能教育——《地平线报告(2019 高等教育版)》要点与思考[J]. 开放教育研究,2019(3):22-35.

[4]周平. 中国区块链技术和应用发展白皮书[R]. 北京:中国区块链技术和产业发展论坛,2016:36-37.

[5]教育部. 教育部关于印发《教育信息化 2.0 行动计划》的通知[EB/OL]. [2019-11-17]. http://www.moe.gov.cn/srcsite/A16/s3342/201804/t20180425_334188.html.

[6]Redman J. MIT Media Lab uses the bitcoin blockchain for digital certificates

[EB/OL]. [2016-12-11]. http://www.newsbtc.com/2016/06/05/mit-uses-bitcoin-blockchain-certificates.

[7] Philipp Schmidt. MIT media lab: Certificates, reputation, and the-blockchain[EB/OL]. [2016-10-28]. https://medium.com/@medialab/certificates-reputation-and-the-blockchain-aee03622426f. f85iayg-mg.

[8] Sony Global Education Develops Technology Using Blockchain for Open Sharing of Academic Proficiency and Progress Records[EB/OL]. [2016-02-16]. http://www.sony.net/SonyInfo/News/Press/201602/16-0222E/index. html.

[9] University of Nicosia. MSc in Digital Currency[EB/OL]. [2016-12-11]. http://digitalcurrency.unic.ac.cy/free-introductory-mooc/aca demic-certificates-on-the-blockchain/2016-11-25.

[10] NewsBTC. Now Blockchain To Help In Authenticating Academic Certificates[EB/OL]. [2015-10-22]. https://www.newsbtc.com/news/now-blockchain-to-help-in-authenticating-academic-certificates/.

[11]李新,杨现民. 应用区块链技术构建开放教育资源新生态[J]. 中国远程教育,2018(6):58-67+80.

[12]全立新,熊谦,徐剑波. 区块链技术在数字教育资源流通中的应用[J]. 电化教育研究,2018(8):78-84.

[13]刘丰源,赵建民,陈昊,等. 基于区块链的教育资源共享框架探究[J]. 现代教育技术,2018(11):114-120.

[14]尹婷婷,曾宪玉. 基于区块链技术的数字教育资源共享建模及分析[J]. 数字图书馆论坛,2019(7):54-60.

[15]张倩. 构建高校学生档案区块链征信管理平台的探究[J]. 档案与建设,2019(3):25-28.

[16]杨兵,罗汪旸,姜庆,等. 基于联盟链的学习数据存储系统研究[J].

现代教育技术,2019(8):100-105.

[17]李凤英,何屹峰,齐宇歆. MOOC学习者身份认证模式的研究——基于双因子模糊认证和区块链技术[J]. 远程教育杂志,2017(4):49-57.

[18]重庆晚报. 中国首个校园区块链项目落地[EB/OL].(2016-11-29)[2016-12-11]. http://www.cqwb.com.cn/cqwb/html/2016-09/23/con-tent_508587.htm.

[19]Shacham H, Waters B. Compact proofs of retrievability[C]//International Conference on the Theory and Application of Cryptology and Information Security. Berlin, Heidelberg: Springer, 2008:90-107.

[20]贺东博. 基于同态加密和零知识证明的区块链隐私保护研究[D]. 华中科技大学,2019.

思 考 题

1. 目前的学历证书存在哪些应用上的痛点问题?电子学历应用应解决哪些用户需求?

2. 区块链在教育领域有哪些研究热点?其中最热门的研究领域是什么?

3. 电子学历应用联盟链由哪几方构成?分别执行哪些操作?

4. 简要分析电子学历应用平台5个组成部分之间的关系。

5. 简述基于区块链的电子学历认证的技术实现思路。和传统的证书认证平台相比,区块链发挥了怎样的作用?

6. 用人单位是如何在区块链上完成电子学历证书的查验的?

7. 你还能举出哪些零知识证明的例子?